浙江省高职院校"十四五"重点立项建设教材

职业教育产品艺术设计专业教学资源库课程用书

全国机械行指委服务型制造技术专委会推荐用书

高等职业教育"互联网+"新形态一体化教材

工业设计概论
及综合应用实例

主 编 邓劲莲

副主编 罗 寅 张玉青

参 编 顾浩浩 诸葛耀泉 吴晓程 柯达威 屠星亚

战江涛 李存霞 刘嘉豪 叶青 熊勇超

机械工业出版社

CHINA MACHINE PRESS

本书根据教育部新版专业目录中高等职业教育本科（260104）和专科（460105）开设的工业设计专业基础核心课程的教学要求进行编写，是浙江省高职院校"十四五"重点教材，职业教育产品艺术设计专业教学资源库课程用书，全国机械行指委服务型制造技术专委会推荐用书。

本书共分为两篇：工业设计理论与概念篇、综合应用设计实例篇。本书以工学一体、岗课赛证融合的产品设计实例为基础，融合设计新理念新方法，强调理论与应用相结合，全方位展示工业设计从理论到实战的系统化设计思维，以增强学生的创新实践能力，了解企业化的设计运作，熟悉项目流程与策略。

本书适合作为高等职业教育本科和专科工业设计、产品艺术设计等专业的教材，可根据不同学时要求选择教学内容；也可作为设计类爱好者用来提升实战和理论水平的专业用书。

本书项目流程的重点环节可扫描书中二维码观看，包含技能展示、产品动画展示、产品宣传展示等，帮助读者沉浸式学习实战技能。

本书配备电子课件。凡选用本书作为教材的教师均可登录机械工业出版社教育服务网 www.cmpedu.com 下载。咨询电话：010-88379375。

图书在版编目（CIP）数据

工业设计概论及综合应用实例 / 邓劲莲主编. —北京：机械工业
出版社，2023.12（2024.8重印）
高等职业教育"互联网+"新形态一体化教材
ISBN 978-7-111-74798-7

Ⅰ.①工⋯　Ⅱ.①邓⋯　Ⅲ.①工业设计 – 高等职业教育 – 教材
Ⅳ.①TB47

中国国家版本馆CIP数据核字（2023）第249531号

机械工业出版社（北京市百万庄大街22号　邮政编码100037）
策划编辑：杨晓昱　　　　　　责任编辑：杨晓昱　徐梦然
责任校对：张亚楠　张　征　　封面设计：马精明
责任印制：邵　敏
北京中科印刷有限公司印刷
2024年8月第1版第2次印刷
210mm×270mm・10印张・1插页・222千字
标准书号：ISBN 978-7-111-74798-7
定价：56.00元

电话服务　　　　　　　　　　网络服务
客服电话：010-88361066　　　机　工　官　网：www.cmpbook.com
　　　　　010-88379833　　　机　工　官　博：weibo.com/cmp1952
　　　　　010-68326294　　　金　书　网：www.golden-book.com
封底无防伪标均为盗版　　　机工教育服务网：www.cmpedu.com

前　言

近几年，工业设计日益与人工智能、大数据深度融合，向服务型制造加速转型，业态愈加丰富多元，产业赋能作用更加显著。2023年2月6日，中共中央、国务院印发了《质量强国建设纲要》，提出"发挥工业设计对质量提升的牵引作用，大力发展优质制造，强化研发设计、生产制造、售后服务全过程质量控制。""推动工业品质量迈向中高端。"战略需求的引领、制造技术的升级和新科技的赋能，让工业设计迈入高端智能装备、新生活形态智能产品、可视化数据信息服务等前沿科技产业领域。工业设计对象的深度和广度不断延伸与扩展，设计的方法、手段不断改善和进步，与商业和工程的关系也越来越紧密。工业设计逐步对接创意设计、结构设计、用户体验设计、服务设计、设计管理等综合性岗位需求，消费者的需求也逐步呈现多样化与个性化。如何挖掘新消费需求，如何用智能科技赋能设计，如何赋予产品更高的价值与意义，如何为产业发展打造新时代的"中国方案"，成为当下工业设计的思考方向。

本书根据教育部新版专业目录中高等职业教育本科（260104）和专科（460105）开设的工业设计专业基础核心课程的教学要求进行编写，是浙江省高职院校"十四五"重点教材，职业教育产品艺术设计专业教学资源库课程用书，全国机械行指委服务型制造技术专委员推荐用书。本书共分为两篇：工业设计理论与概念篇、综合应用设计实例篇。本书以工学一体、岗课赛证融合的产品设计实例为基础，融合设计新理念新方法，强调理论与应用相结合，全方位展示工业设计从理论到实战的系统化设计思维。

工业设计理论与概念篇涵盖工业设计的概述、发展历程、中外特征、原则、常用材料与工艺、模型以及人机工程与设计心理学等内容。

综合应用设计实例篇涉及的项目涵盖设备工具、智能安防、智能交互、运动器材、交互平台等领域，以图文并茂的形式展现案例设计流程，旨在帮助读者进一步了解企业化的设计运作，熟悉项目流程与策略，对企业项目创新设计有一定的指导意义。

本书中既有对接前沿科技的经典案例、深入浅出的理论概念，又有基于产教融合和校企合作项目、岗课赛证融通的设计实例。本书的理论知识部分将知识点进行凝练展示，并配以丰富的数字资源进行拓展。设计实例体现学练用一体，通过学习校企合作的企业项目、专业岗课赛证相结合的项目，帮助提升读者的技术基础能力与职业素养；设计流程完整清晰、项目类型具备现代性、典型性、拓展性，重难点突出，富有创新理念。项目流程的重点环节可扫描书中二维码观看视频，包含技能展示、产品动画展示、产品宣传展示等，帮助读者沉浸式学习实战技能。每个案例对应的知识拓展内容将新知识理论与实战技能进行融会贯通。

本书编写团队由浙江省高层次人才领衔，集合企业经验、国际化教育背景的高学历高层次教师队伍，均具备工程与设计的丰富实战经验。编写团队含浙江省省级专业带头人，主持国家教育部职业教育工业设计专业教学资源库建设子项目课程3门，获得浙江省省级课程思政示范基层教学组织创新设计教学团队称号，团队与多家企业建立项目共研合作关系，为一支多元化的创新型教学团队。

希望通过本书的学习，能够帮助工业设计专业的在校学生以及广大工业设计从业人员更好地掌握专业知识，提高设计实战能力。书中不妥之处，敬请广大学者及专家批评指正。

编　者

目录

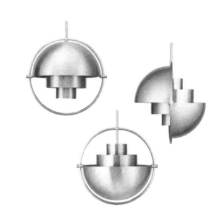

第 2 篇
综合应用设计实例

第 8 章 设备工具类产品设计实例

第 9 章 智能安防类产品设计实例

第 10 章　智能交互类产品设计实例

第 11 章　运动器材类产品设计实例

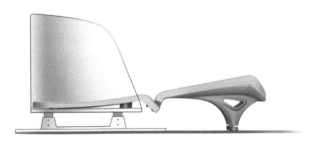

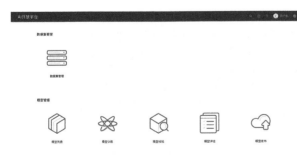

第 12 章　企业软件界面交互设计实例

参考文献 /152

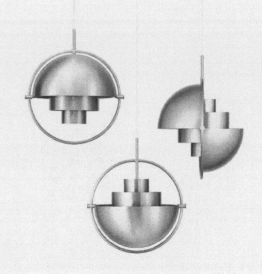

第1篇
工业设计
理论与概念

第1章 ▶▶

工业设计
概述

1.1 工业设计的由来与意义

工业设计从属于设计范畴，两者的由来与意义在本质上是一致的。设计的意义正如美国设计理论家维克多·巴巴纳克（Victor Papanek，1927—1998）说过：设计是所有人类活动的基础。人类生活的各种状态都凝聚了设计的元素，从静态的物品到动态的过程，从有形的产品到无形的服务和体验，凡是与人相关的事物与过程，绝大多数都是设计的产物。设计从发现问题到思考如何解决问题，进而思考美与平衡，直至提出科学的计划与规划，归根结底是为了创造出更理想的生活。

设计的由来是为迎合人类的更高需求，从而实现更合理的生活方式。例如，在远古时代，人类的祖先既不如羚羊跑得快，也没有狮虎那么凶猛，他们赤手空拳，在极度蛮荒恶劣的生存环境中时时遭受各种生存威胁，为了抗击猛兽、改善生活，人类开始运用智慧在有限条件里创造出更有效的工具，这便是设计的起源（见图1-1）。

由此可见，设计为人们的生活、工作创造出所需要的"物"，它的最终目的是为"人"。同理，人是工业设计的核心，设计为人，就是要以"人—产品—环境"的和谐为目的，为人创造更加合理、更加理想的生活和工作环境，这是工业设计的终极意义，也是工业设计师必须担当的职责。

图1-1 旧石器时代的打砸石器

1.2 工业设计的定义变迁

20 世纪 90 年代前，工业设计聚焦于有形静态的产品设计；到 20 世纪 90 年代后，随着数字媒体技术的发展，工业设计拓展到数字媒体设计领域；再到 21 世纪，在互联网及体验技术的发展影响下，工业设计又进一步拓展到多维感官的设计领域。国际设计组织 WDO（World Design Organization）在 2015 年对于工业设计的最新定义为：（工业）设计旨在引导创新、促发商业成功及提供更优质的生活，是一种将策略性解决问题的过程应用于产品、系统、服务及体验的设计活动。它是一种跨学科的专业，将创新、技术、商业、研究及消费者紧密联系在一起，共同进行创造性活动，并将需要解决的问题、提出的解决方案进行可视化，重新解构问题，并将其作为建立更好的产品、系统、服务、体验或商业网络的机会，提供新的价值以及竞争优势。（工业）设计是通过其输出物对社会、经济、环境及伦理方面问题的回应，旨在创造一个更好的世界。工业设计定义、内涵和外延的不断更新是基于科学技术的不断发展和前进的因素，基于人们对社会和自然认知不断更新的需求，逐步从传统的有形静态的设计转变为新时代下的有形与无形、静态与动态的集成化系统性设计活动。但是工业设计的灵魂和核心思想始终是如一的，即为人类提供舒适而有质量的生活。

1.3 现代工业设计范畴

科学技术的进步、现代工业的发展、社会精神文明的提高以及新生活方式的变化都影响着工业设计的分类与范畴，现代工业设计大致分为产品设计、交互设计以及用户体验设计。

1.3.1 产品设计

产品设计涵盖家电、家具、交通工具和生活产品等领域，以现代科学技术的成果为基础，研究市场显现的和潜在的需求，分析人的生存、生活、生理和心理需求，并以消费者的需求为出发点，提出设计构思，分步解决结构、材料形态、色彩、表面处理、装饰、工艺、包装、运输、广告直至营销、服务等设计问题，实现"人—产品—环境"之间的和谐关系，提升人们的生活品质（见图 1-2）。

图 1-2 产品设计

1.3.2 交互设计

交互设计是设计与用户有互动的数字产品、环境、系统以及服务。和其他设计学科一样，交互设计是关于外形和形式的。然而，交互设计关注传统设计不太涉及的领域，即行为的设计。设计人造物的行为的设计领域，这里的人造物包括各种生活用品、工业产品和软件，现在主要应用于互联网产品领域（见图1-3）。

1.3.3 用户体验设计

用户体验（UX或UE）是指用户使用产品或者享用服务的过程中建立的心理感受，涉及人与产品、程序或者系统交互过程中所有方面，对于产品的生命周期的商业价值实现，用户体验是产品成功的关键。这里的体验包含了产品和由产品产生的服务与用户互动所产生的所有体验。用户体验并不是指一件产品本身是如何工作的，而是指产品如何与外界发挥作用的，即人们如何"接触"和"使用"。例如，微信的语音功能可以帮助不会使用拼音输入法或者五笔输入法的老年人、盲人、小孩等用户快捷方便地与对方交流。当按下图标发出滴答的声音，这个声音就开始了人与机器的互动（见图1-4）。

图1-3 谷歌眼镜——应用视觉交互的产品代表

图1-4 微信语音聊天界面

第 2 章 ▶▶ ▷

工业设计的发展历程

　　人类总是在对历史的继承中走向未来，熟悉和掌握工业设计发展的历史，有助于处理当今的设计问题及把握未来设计的发展方向。以工业革命开端的工业史的演进，持续了有将近一百年之久，每个重要的工业设计历史阶段都与社会的变革发展相互影响与渗透，其中涉及的工业技术、经济市场、文化艺术、生活形态等因素共同影响并描绘了工业设计的百年历史篇章。

2.1　设计萌芽期

　　从 18 世纪 60 年代工业革命兴起到第一次世界大战爆发，是工业设计的萌芽时期。在此期间，机器生产逐步取代手工劳动，以大规模工厂化生产取代个体工场手工生产，完成了由传统手工艺设计向工业设计的过渡，并逐步建立了工业设计的基础。

2.1.1　"水晶宫"工业博览会

　　机器生产可以降低成本和增强竞争力，但由此带来的符合工业化生产方式的产品形式并没有让制造商们重新思考产业发展的科学方向，他们为了满足新兴资产阶级显示其财富和社会地位的需要，从而滥用叠加各种历史风格来附庸风雅并提高身价，甚至不惜损害产品的使用功能。1851 年伦敦"水晶宫"国际工业博览会上（见

图 2-1 "水晶宫"国际工业博览会

图 2-2 "水晶宫"国际工业博览会上的部分展品

图 2-1），大多数的展品都极尽装饰之能事，风格近乎夸张，形式与功能相分离，缺乏设计，尽显粗制滥造（见图 2-2）。

2.1.2 工艺美术运动

"水晶宫"国际工业博览会上展出的工业产品粗糙简陋，没有审美趣味，刺激了一些思想家和设计师，并引发了他们在新的时代变革下对于设计发展的探讨，这便是英国 19 世纪后期的一场设计运动——工艺美术运动。

这场运动提出了"美与技术结合"的原则，主要体现在：一是强调手工艺，明确反对机械化生产；二是在装饰上反对矫揉造作，讲究简单、朴实无华的良好功能；三是主张设计的诚实，反对哗众取宠、华而不实的设计；四是装饰上推崇自然主义、东方装饰和东方艺术的特点。工艺美术运动主要代表人物是英国理论家约翰·拉斯金和被誉为"现代设计之父"的英国诗人兼文艺家威廉·莫里斯。莫里斯强调优秀的设计是艺术与技术的高度统一，图 2-3 所示是其早期作品——红屋，将英国哥特式建筑与传统乡村建筑进行完美结合，以红砖为主体结构，以功能需求为首要目的，去繁就简，打造自然朴实的风格。拉斯金则提出"师承自然"，提倡从自然中汲取设计的灵感和源泉，提倡使用传统的自然材料等适用于建筑和产品设计行业的若干准则。

这场运动也有其先天的不足与局限性，并不是真正意义上的现代设计运动，因为莫里斯推崇的是复兴手工艺，反对大工业生产，他一生致力于的工艺美术运动是反对工业文明的，这场运动将手工艺推向了工业化的对立面，这无疑是违背历史发展潮流的。

图 2-3 红屋

图 2-4　法国巴黎地铁入口

课件 1　新艺术运动

2.1.3　新艺术运动

新艺术运动是 19 世纪末 20 世纪初在整个欧洲和美国开展的装饰艺术运动，这一运动受到了工艺美术运动的影响，依然是强调手工艺，反对工业化，但带有更多感性和浪漫的色彩，主要体现在装饰风格上，倡导自然的风格，突出表现曲线和有机形态，并且受东方装饰风格的影响比较明显。代表作品有法国的吉马德（Hector Guimard，1867—1942）设计的法国巴黎地铁入口（见图 2-4），采用了自然界中植物或动物的线条和有机造型，呈现出刚柔并济的自然之感；西班牙的安东尼奥·高迪（Antonio Gauti，1852—1926）在这一时期留下了不少让后人惊叹的建筑作品，图 2-5 所示是其设计的米拉公寓，大楼的屋顶高低错落，蜿蜒起伏的曲线墙面，宛如波涛汹涌的海面，极具动感，该建筑于 1984 年被联合国教科文组织宣布为世界文化遗产。

2.1.4　德意志制造联盟

1907 年成立的德意志制造联盟是工业设计真正实现理论与实践突破的重要组织。该联盟不像之前的工艺美术运动和新艺术运动一样否定机器生产，而是对工业生产持肯定和支持态度，将标准化与批量生产引入工业设计中，对欧洲工业设计发展起了很重要的作用。德国的彼得·贝伦斯（Peter Behrens，1868—1940）是联盟中最著名的设计师，他是现代工业设计的先驱，他的作品朴素实用，体现了功能、加工工艺和所用材料的完美结合，图 2-6 所示为贝伦斯设计的电风扇，从功能主义角度出发设计，

图 2-5　高迪设计的米拉公寓

图 2-6　贝伦斯设计的电风扇

图 2-7　贝伦斯设计的八角
　　　　电水壶

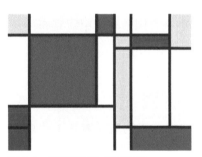

图 2-8　蒙德里安的《红黄蓝》

图 2-9　里特维德设计的红蓝椅

舍弃了电风扇原有的烦琐装饰，由简洁的铁铸底座、金属扇叶以及曲线感铁丝外罩组成，奠定了现代电风扇的基本外形；图 2-7 所示为贝伦斯设计的八角电水壶，壶的设计以适应机械化批量生产和标准生产为出发点，采用标准零件，可进行自由装配与组合，并有不同规格和材料可选，实现了功能和审美的统一，深受工业界好评。

2.2　技艺体系形成期

　　20 世纪初，工业化生产的发展已经是不可逆转的趋势，机器生产成为符合时代潮流的生产方式。这个时期，工业产品设计的重要性开始被广泛接受，与工业化发展相适应的现代设计运动实践成为该时期的积极尝试，并建立了与工业化发展相适应的设计教育体系。

2.2.1　荷兰风格派

　　风格派是 1917—1928 年在荷兰组织的一个艺术集体，其源于荷兰绘画艺术风格，呈现出中性的、理性的、现代的风格，强调艺术与科学的紧密结合。该组织把传统的建筑、家具、绘画和雕塑及平面设计的特征变成基本的几何结构单体，反复运用基本原色和中性色进行表现。风格派设计所强调的艺术与科学紧密结合的思想和结构第一的原则，为以包豪斯为代表的现代主义设计运动奠定了思想基础。风格派设计的代表作有蒙德里安的《红黄蓝》（见图 2-8），通过三原色和水平垂直的构线形式，寻求各要素之间的平衡感，追求纯粹的哲学世界，这一形式对后来的建筑、时尚设计等都有深远影响；里特维德设计的红蓝椅（见图 2-9）是荷兰风格派最著名的代表作之一，也是世界上最著名的几把椅子之一，由 13 根木条互相垂直，组成椅子的空间结构，使用单纯明亮的色彩和几何形式呈现蒙德里安思想的立体化形式，并且其设计的乌德勒支住宅（见图 2-10）也沿用了这一风格，这种艺术特征对现代建筑的发展产生了一定的影响。

图 2-10　乌德勒支住宅

2.2.2　俄国构成派

　　俄国在该时期也发展了一种类似抽象的美学运动，以表现设计的结构为目的，力图用表现新材料本身特点的空间结构形式作为绘画及雕塑的主题，称为构成派。该运动赞美工业文明，崇拜机械结构中的构成方式和现代工业材料；主张用形式的功能作用和结构的合理性来代替艺术的形象性；通过抽象的手法探索新的设计语言。代表作品有亚历山大·罗德琴科（Alexander Rodchenko，1891—1956）设计的棋桌，以高度几何形式便于制造生产（见图 2-11）。

图 2-11　罗德琴科设计的棋桌

2.2.3 包豪斯

包豪斯是1919年在德国魏玛成立的一所设计学院，这也是世界上第一所推行代设计教育、有完整的设计教育宗旨和教学体系的学院，其目的是培养新型设计人才。包豪斯的创始人格罗皮乌斯使用较科学的方式进行艺术与设计教育，强调为大工业生产设计，并最终成为现代设计教育积极的探索者。包豪斯的出现对现代设计理论、现代主义设计教育和实践，以及后来的设计美学思想，都具有划时代的意义。包豪斯设计思想的核心为：坚持艺术与技术的新统一；设计的目的是人而不是产品；设计必须遵循自然与客观的法则进行。包豪斯把20世纪以来在设计领域中产生的新概念、新理论、新方法与20世纪以来出现的新技术、新材料的运用，融入一种崭新的设计教育体系之中，创造出一种适合工业化时代的现代设计教育形式，被誉为"现代设计的摇篮"。

包豪斯开创了教学、研究、实践三位一体的设计教育模式，其贯彻的教学方针对于后来乃至现在的设计教育都有重要的指导意义：

1）在设计中提倡自由创造，反对模仿因袭、墨守成规；

2）将手工艺与机器生产结合起来，用手工艺的技巧创作高质量的产品，并能供给工厂大批量生产；

3）强调基础训练，发展平面构成、立体构成和色彩构成等基础课程；

4）实际动手能力和理论素养并重；

5）把学习教育与社会生产实践结合起来。

包豪斯推崇设计要既能满足使用要求，又具有新技术与美学风格，如瓦尔特·格罗皮乌斯设计的包豪斯校舍（见图2-12），把实用功能作为设计出发点，把功能、材料、结构、工业生产和建筑艺术进行紧密结合，是现代建筑中具有里程

课件2 包豪斯

图2-12 包豪斯校舍

图 2-13 "瓦西里"钢管椅

碑意义的典范作品；马歇尔·布鲁耶设计的"瓦西里"钢管椅（见图 2-13）是世界上第一把钢管皮革椅，方便拆卸的钢管以及舒适性的帆布与皮革，实现了批量生产的可能，受到大众的喜爱。这一时期的设计都是在艺术与工业的结合方面极为重要的尝试。

包豪斯培养出的杰出建筑师与设计师把 20 世纪建筑与设计推向了一个新的高度，其设计理念与原则，深刻影响了现代产品设计的基本风格面貌。包豪斯在设计史上的地位不容忽视，因为它真正实现了技术与艺术的统一，提出了现代工业设计的思维与方法，开创了前所未有的全新时代，并随着时代发展不断演变，带领工业设计走向无限广阔的未来。

2.2.4 艺术装饰风格

艺术装饰风格主要指 20 世纪 20—30 年代流行于法国的一种装饰风格，从历史和异国情调中寻求猎奇以满足有闲阶层的心理需求，以富丽和现代感而著称。艺术装饰风格形成了其特有的造型语言：趋于几何又不强调对称，趋于直线又不局限于直线，善于利用几何扇形、放射状线条、之字形或金字塔式的堆叠造型，以及连续的几何构图进行设计（见图 2-14），其简洁、规范并趋于几何的造型语言适合于机器批量生产，进一步推动产品走向商业化。

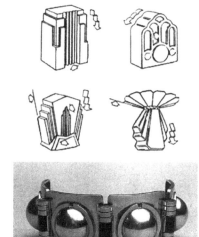

图 2-14 艺术装饰风格的造型语言及产品

2.2.5 流线型风格

流线型风格是 20 世纪 30—40 年代最流行的产品风格。流线型是空气动力学名词，用来描述表面圆滑、线条流畅的物体形状，这种形状能减少物体在高速运动时的风阻。这一时期，塑料和金属模压成型方法得到广泛应用，而且较大的曲率半径有利于脱模和成型，圆滑造型生产的实现进一步促进了该风格的发展，这种象征速度的汽车美学语言进一步渗透到其他的家用产品领域，并一直沿用至今。该时期的代表作品有雷蒙·罗维（Raymond Loewy，1889—1988）在 1937 年为宾夕法尼亚铁路公司设计的 K45/S-1 型机车，车头采用纺锤状造型，不但减少了风阻，而且给人一种象征高速运动的现代感（见图 2-15）；德国设计师费迪南德·波尔舍

图 2-15 宾夕法尼亚铁路公司的 K45/S-1 型机车

图 2-16 波尔舍设计的大众牌甲壳虫小汽车

（Ferdinand Porsche，1875—1951）设计的大众牌小汽车，也是从甲壳虫的流线形态元素进行设计提炼的（见图 2-16）。

2.3 功能文化进展期

20 世纪 40—50 年代，战争导致了消费物品设计文化的暂时停滞，美国提出的"马歇尔计划"中的设计战略在增加出口、促进贸易和生产中都发挥了重要作用。战争带来的物质短缺、定量供给以及各种束缚限制，让这个时期的设计在色彩、构图和肌理等方面都更加大胆与丰富；聚乙烯、聚酯、聚丙烯、胶合板、人造纤维等新材料进一步拓展了设计材料。这个阶段基于不同国家社会经济文化特征，设计实力发生偏斜，20 世纪初起支配地位的法国和德国，从 20 世纪 50 年代起逐渐被意大利、美国和斯堪的纳维亚国家所替代，设计朝着功能与文化的双重目标发展。

2.3.1 意大利的潮流文化表达

意大利是此期间设计界的先锋和改革者，战争前工业的缓慢发展与战争后的经济破损，让政府在 20 世纪 40 年代末下定决心重整经济。设计师得到了解放，他们把设计当作新意大利民主主义的表达，新鲜的设计给百姓带来新的期待。不到十年的时间，意大利一跃成为现代工业国家，有特色的意大利商品和产品几乎瞬间占领了世界市场。意大利设计十分现代，例如，1946 年科拉迪·阿斯卡里奥（Corradino D'Ascanio，1891—1981）为比亚乔（Piaggio）

公司设计的维斯帕摩托车（见图 2-17）采用一体化的钢制车身，轻便灵活的造型更适合都市上班族的出行需求，是当时风靡一时的浪漫自由又极具个性化的大众交通工具；尼佐里为奥利维蒂（Olivetti）设计的情人节限定款打字机（见图 2-18）简约优雅、用色大胆，成为一种时尚宣言，一个流行物品，既激进、多彩又反判。

图 2-17　维斯帕摩托车

图 2-18　情人节限定款打字机

2.3.2　美国的技术工艺开拓

　　20 世纪中叶，美国的设计也很突出，没有战争带来的严重创伤，加上繁荣发达的经济，开拓了建筑和家具两个领域产品的发展。家具领域对产品的功能、结构、材料进行重新审视与新技术探索，创新成型工艺技术实现的优美造型叠加舒适使用体验成就了家具设计史上的经典案例，历经百年不衰。代表作品有诺尔公司最有影响的设计师哈里·伯托亚（Harry Bertoia，1915—1978）设计的钻石椅（见图 2-19），整体结构用金属焊接而成，外形如钻石闪亮；野口勇（Isamu Noguchi，1904—1988）和埃罗·沙里宁（Eero Saarinen，1910—1961）设计的一体成型的塑料"郁金香椅"（见图 2-20）形如一朵浪漫的郁金香，铸铝底配以增强玻璃钢材料的椅面，摆脱传统椅子 4 个支撑脚的结构，使就座时腿部有更多活动空间；查尔斯·伊姆斯（Charles Eames，1907—1978）夫妇设计的餐椅（见图 2-21），由当时的新材料——玻璃纤维制作而成，是伊姆斯椅系列中最热销的单品，采用了前所未有的模塑

图 2-19　钻石椅

图 2-20　郁金香椅

图 2-21 伊姆斯餐椅

加压的方式，可批量化生产，是世界上第一张被大量生产的单椅。其中埃菲尔铁塔腿是从巴黎地标——埃菲尔铁塔中汲取灵感的，用钢丝制成的复杂形态却展现出无尽的轻盈与优雅。

此外，美国在汽车领域上突出体现了其流行文化，图 2-22 所示是美国著名汽车设计师厄尔设计的凯迪拉克车，设计风格奔放、富于创新，开创了战后汽车设计中的高尾鳍风格，迎合了当时美国民众的张扬个性。

图 2-22 厄尔设计的凯迪拉克车

2.3.3 斯堪的纳维亚的艺术实践

20 世纪中叶，地处北欧的斯堪的纳维亚的国家在设计领域中崛起，以瑞典、丹麦、芬兰为首的几个国家将其独有的设计风格推向市场。斯堪的纳维亚风格的特征是设计简朴、功能性好且每个人都能买得起，主要体现在织品、陶器、家具等领域上。

在家具领域，丹麦的家具设计不论造型语言和体验感都一直走在行业前列。著名的设计家芬·居尔（Finn Juhl，1912—1989）设计出的"酋长椅"是从雕塑的语言中汲取的灵感（见图 2-23），靠背看起来像是一个盾牌，也像是酋长的羽毛冠帽；安恩·雅各布森（Arne Jacobsen，1902—1971）设计的形状酷似蚂蚁的"蚁椅"（见图 2-24），是 20 世纪 50 年代最成功的批量生产的椅子；同时他设计的形似蛋壳的"蛋椅"体现了形式与新技术的完美结合（见图 2-25）；造型宛如一个静态的天鹅的"天鹅椅"（见图 2-26）创新地运用了玻璃纤维的曲面成型技术，体现有机的艺术造型语言。

课件 3 斯堪的纳维亚的艺术实践

图 2-23　酋长椅

图 2-24　蚁椅

图 2-25　蛋椅

图 2-26　天鹅椅

2.4　多元开放丰富期

从 20 世纪 60 年代开始，均匀风格的市场开始消失，不同的文化群体都有各自不同的多元化的消费需求，工业设计开始以多样化的战略来应对这种情况，设计呈现出开放的、各种风格并存的局面。此外，计算机辅助设计和制造大大增加了生产的灵活性，实现设计的小批量和多样化。

2.4.1　国际主义风格

20 世纪 60—70 年代，国际主义设计风格影响了世界各国的设计，它由现代主义风格演变而来，具有形式简单、反装饰性、系统化等特点，并深受"少即是多"的设计理念。国际主义风格在建筑形式上采用钢铁、玻璃、混凝土等现代材料，使用大面积的玻璃幕

图 2-27　福特基金会大楼

图 2-28　钢丝家具

课件 4　高技术风格

墙；产品形式上采取几何单调的高功能主义，反对装饰。主要代表人物为美国的建筑设计师沃伦·普拉特纳（Warren Platner，1919—2006），代表作品为福特基金会大楼（见图 2-27），整体外观采用了大量的钢材和玻璃，开放性和透明感的造型特征反映了福特基金会的开放和透明的价值观，赢得了多项建筑设计奖项；Knoll 国际公司设计的钢丝家具（见图 2-28），以钢丝为主体的无装饰框架结构体现了极简几何的造型语意。

2.4.2　高技术风格

高技术风格起源于 20 世纪 20—30 年代的机器美学，将技术元素进行夸张处理，形成机械美的符号效果。高技术风格首先表现在建筑领域，而后发展到产品设计之中，图 2-29 所示为英国建筑师皮阿诺（Reuzo Piano）和罗杰斯（Richard Rogers）设计的巴黎蓬皮杜国家艺术和文化中心，大楼外露的钢骨结构以及复杂的管线是它的显著特点。

在工业设计领域，高技术风格通常把工业化元素进行夸张处理，形成一种视觉符号。例如，在家电产品设计中，面板上设置密集的控制键或显示仪表，造型上采用方块和直线，色彩仅用黑白灰无彩色系，模拟一台高度专业水平的科技仪器，以满足用户向往高技术的心理需求。代表作品有美国设计之父罗维在 20 世纪 50 年

图 2-29　巴黎蓬皮杜国家艺术和文化中心

图 2-30　罗维设计的透明塑料外壳收音机

图 2-31　Tizio 台灯

代设计的透明塑料外壳收音机（见图 2-30），黑白的硬朗造型加上可视化的内部元器件，充分展现了高技术风格的特征；德国设计师理查德·萨博（Richard Sapper，1932—）设计的 Tizio 台灯（见图 2-31），冷静的色彩与工业化造型语言呈现出理性优雅的外观。

2.4.3　波普风格

20 世纪 60 年代兴起的波普风格又称"流行风格"，"波普"（Pop）来自英语单词 Popular（大众化）的缩写，它代表着工业设计追求形式上的异化及娱乐化的表现主义倾向。波普风格的最大特点是将日常视觉元素进行夸张和变形后运用到设计中，表现诙谐轻松、通俗乐观的产品形象，这种时尚风格和反正统的方式带来了设计上的广泛传播，尤其表现在广告、招贴以及包装设计等领域。代表作品有安迪·沃霍尔（Andy Warhol，1928—1987）的丝网印刷版画作品《玛丽莲·梦露》（见图 2-32），在制作过程中，有意使套版不准确，造成色彩浓淡不均匀、模糊不清以及色彩错

图 2-32　《玛丽莲·梦露》艺术作品

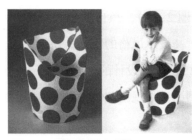

图 2-33　儿童"花斑纸椅"

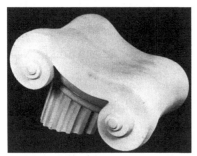

图 2-34　"工作室 65"设计小组设计的
椅子

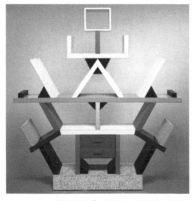

图 2-35　"孟菲斯"设计师设计的书架

位等效果，通过对比形式的反复排列，形成特殊的追忆形式；彼得·穆多什（Peter Murdoth，1958—）设计的儿童"花斑纸椅"（见图 2-33），表现出如糖纸般廉价轻松的产品形式。

2.4.4　后现代主义

后现代主义是 20 世纪 60 年代出现的设计风格，运用装饰手法来丰富产品的视觉效果，借用历史风格来增加设计的文化内涵，强调设计语言的隐喻，同时反映幽默与风趣之感。后现代主义从建筑波及其他设计领域，特别是在产品设计领域继续保留建筑元素的形式语言。代表作品有 1971 年意大利"工作室 65"设计小组为古弗拉蒙公司设计的一只模压发泡成型的椅子，就采用了古典的爱奥尼克柱式，展示了古典主义与波普风格的融合（见图 2-34）。

1980 年 12 月成立的名为"孟菲斯（Memphis）"的意大利设计师集团是后现代主义在设计界最有影响的组织，由著名设计师索特萨斯（Ettore Sottsass，1907—2007）和 7 名设计师组成，他们强调设计的文化内涵，反对固有观念，认为功能不是设计的绝对因素，而是要表达出有天真滑稽、怪诞离奇的文化情趣，同时表达了材料、装饰及色彩等方面的系列新观念。其代表作品大多为家具类作品，风格汲取自装饰艺术的几何图形、波普艺术的色调，造型上摆脱理性与刻板，图 2-35 所示为其设计的书架，造型如机器人般奇特，色彩艳丽，极具个性。"孟菲斯"的设计风格以创造力和幽默为特色，成为 20 世纪 80 年代持久的风格标志，已渗透到现代设计的多个领域，强调设计的个性，引导设计师可以像诗人和画家一样，带着乐观、果断、热情迈向新世纪。

2.4.5　新现代主义

新现代主义是 20 世纪 60 年代形成的风格，它汲取了现代主义简洁明快的特征，但又不单调和冷漠，而是带有一点后现代主义活泼的特色，变化中有严谨、严肃中见活泼，强调的是几何形结构以及白色的、无装饰的、高度功能主义形式的设计风格。著名的华裔建筑设计师贝聿铭（1917—2019）是新现代主义的主要代表人物，他的作品没有烦琐的装饰，具有理性主义和功能主义的特点，但同

图 2-36 苏州博物馆新馆

图 2-37 卢浮宫水晶金字塔

图 2-38 洛杉矶的迪士尼音乐厅

时又具有其独特的个人表现、象征性风格。他设计的苏州博物馆新馆（见图 2-36）是其代表作品之一，博物馆的整个屋顶由简单的几何形方块组成，看似单调冷漠，却又不失奇妙；玻璃屋顶与石屋顶的有机结合，金属遮阳片与怀旧的木架结构的巧妙使用，将自然光线投射到馆内展区，营造了园林场景"诗中有画，画中有诗"的意境美，整体外观上采用白墙灰瓦的设计元素，去繁就简，自然朴素，在理性几何中透露着传统诗意；再如他设计的法国卢浮宫前的入口建筑"水晶金字塔"（见图 2-37），形体简单突出，全玻璃的墙体清明透亮，展现了历久弥新的几何之美，体现了现代创作与古迹的和谐相容，承担着无可取代的重要引导功能。

2.4.6 解构主义

解构主义兴起于 20 世纪 80 年代，它的特征是把整体结构破碎处理，然后重新组合，形成新的破碎空间和形态，是对和谐统一的古典美学原则提出的挑战。弗兰克·盖里（Frank Owen Gehry，1929—）是解构主义最有影响力的建筑师，代表作品有洛杉矶的迪士尼音乐厅（见图 2-38），基于体块的分割与重构，创造出新的相互碰撞、穿插、扭曲却又丰富的空间；德国设

图 2-39　波卡·米塞里亚吊灯

计师英戈·莫端尔（Ingo Maurer，1932—）设计的波卡·米塞里亚吊灯也是解构主义的经典作品，它以瓷器爆炸的慢动作将瞬间状态定格为永恒，"解构"成为别具一格的灯罩（见图 2-39）。

2.5　信息科技展望期

到 20 世纪 80 年代以后，计算机及互联网技术的迅猛发展极大地改变了工业设计的技术手段和程序方法，开辟了工业设计迈向新时代信息科技的崭新领域。以计算机技术为代表的高新技术开辟了工业设计的崭新领域，工业设计由传统的工业产品转向以计算机为代表的高新技术产品和服务，让先进技术真正服务于人类。

2.5.1　信息时代的设计

美国是最早进入信息时代的国家，苹果公司是这个时代的典型代表。苹果公司最先推出塑料机壳的一体化个人计算机，倡导图形用户界面和应用鼠标，而且采用连贯的工业设计语言，不断推出令人耳目一新的计算机，如著名的苹果 II 型机、Mac 系列机，继而在 1998 年推出 iMac 计算机，采用了半透明塑料机壳，造型雅致又有童趣，采用了诱人的糖果色，打破了先前个人计算机严谨的造型和单一白色色调，高技术完美结合高情趣，成为全球瞩目的焦点（见图 2-40）；21 世纪初推出的 MacBook Air 超薄笔记本（见图 2-41），有机造型被严谨的几何形式所取代，透明材质和亮丽的色彩也被冷峻的铝合金材料和精致的哑光质感所代替；2001 年推出的 iPod nano 成为数码音乐播放器的经典之作（见图 2-42）；2007 年推出手机 iPhone（见图 2-43），首次采用多点触屏等全新交互模式，开启了智能手机的全新时代。

图 2-40　一体式计算机 iMac

图 2-41　MacBook Air

欧洲在信息时代的设计基于悠久、灿烂的文化底蕴，让高新技术和人文艺术情调完美结合。在国际设计界最负盛名的欧洲设计公司当数德国的青蛙设计公司，该公司由艾斯林格（Hartmut Esslinger）在德国黑森州创立。青蛙公司的设计既保持了乌尔姆设计学院和博朗的严谨和简练，又带有后现代主义的新奇、怪诞、艳

图 2-42　iPod nano

图 2-43 iPhone 2007

图 2-44 1992 年设计的儿童鼠标

丽，甚至嬉戏般的特色，在设计界独树一帜，在很大程度上改变了 20 世纪末的设计潮流。青蛙公司的设计哲学是"形式追随激情"的欢快幽默情调，设计原则是跨越技术与美学的局限，以文化、激情和实用性来定义产品。其在 1992 年设计的一款儿童鼠标，如真老鼠般诙谐有趣（见图 2-44）；图 2-45 所示为其 2003 年为迪士尼设计的儿童新电子消费品系列。

在信息时代，日本传统设计中小、巧、轻、薄的特点得到了进一步发扬光大，成为日本高科技产品的重要特色。他们通过精美的外观、精致的细节、相对低廉的价格赢得大众市场。日本生产的数码相机、电子游戏机、彩色打印机、液晶显示器等在国际上都有很强的竞争力。索尼公司十分擅长应用高新技术来丰富人们的日常生活，索尼公司于 1999 年首次推出 AIBO 机械狗，迄今为止已有五代，AIBO 机械狗可以像真狗一样做出各种有趣的动作，还有喜、怒、哀、乐等各种情感，能记住主人的声音、动作和容貌（见图 2-46）。

图 2-45 2003 年迪士尼儿童新电子消费品系列

图 2-46 索尼 AIBO 机械狗

2.5.2 体验设计

在数字化时代，设计开始融合科技、商业和互联网等不同元素，蜕变为驱动传统设计和制造业转型升级的强劲驱动力，工业设计领域呈现出几大设计热点：智能穿戴设计、智能家居产品设计、体感交互设计、3D打印设计等。智能穿戴设计将从模仿回归自然与本能，谷歌公司于2012年研制的智能电子设备Google Project Glass（见图2-47），可以通过声音控制拍照、视频通话和辨明方向，以及上网和处理电子邮件等；智能家居是人工智能发展的重要领域，智能家居的概念不仅是具有居住功能，也能够提供舒适安全、高质量且适宜人们居住的生活空间，优化生活方式，如小米AI音箱（见图2-48）；体感交互技术在于人们可以很直接地使用肢体动作，与周边的装置或环境互动，让人们身临其境地与内容做互动，如Kinect体感摄像机（见图2-49）；3D打印技术是快速成型技术的一种，它是一种以数字模型文件为基础，运用粉末状金属或塑料等可黏合材料，通过逐层打印的方式来构造物体的技术，如阿迪达斯3D打印鞋（见图2-50）。

图 2-47　Google Project Glass

图 2-48　小米 AI 音箱

图 2-49　Kinect 体感摄像机

图 2-50　阿迪达斯 3D 打印鞋

第3章 ▶▶

工业设计的
中外特征

工业化生产让不同国家的工业设计发展之路更加趋同，然后由于不同国家和地区的文化、经济、生活等因素的差异，让产品不再呈现单一面孔，也正是如此，设计的世界变得更加流光溢彩，多元化的异域设计风格成为人类文化多样性的历史见证。

3.1　中国工业设计——古今融合的科技展望

中国的工业设计是从 20 世纪 20—30 年代借鉴国外的设计风格开始，直到 20 世纪中叶开始学习国外工业设计的模式，并在政府的战略驱动、经济的高速发展及传统文化融合等综合因素下，依靠科技自立自强、注重基础研究，逐步开拓了具有古今融合、科技赋能的中国特色自主创新道路，展示了原始创新的中国设计力量。

3.1.1　发现与学习

20 世纪 50—60 年代，民族实业在资源匮乏的状况下艰难维持，为改变国家命运，国人凭借热情、智慧和无数次的失败经验创造出了不少奇迹。在苏联技术援助下，1956 年"解放"牌汽车诞生（见图 3-1），标志着生产国产车的梦想变成现实。"解放"车的诞生大大激发了国人的造车热情，国车"红旗"诞生（见图 3-2）。"红

图 3-1　解放牌 CA10 卡车

图 3-2 红旗 CA770

"旗"车车头的前格栅采用了中国扇面形状，尾灯采用宫灯形式，车头为一面飘扬的红旗旗标，在车内饰上也大量使用了景泰蓝、福建漆等中国传统工艺和材料，这样的经典民族形象一直延续至今，成为不可磨灭的印记。

3.1.2 模仿与引进

20 世纪 70—80 年代，工业设计在技术引进及制造技术提升的基础上，积累了一定的发展和经验，认识到工业设计对企业竞争的重要性，并出于对美好生活的进一步追求，工业设计开始走向美化与理性并重，着重提升人们的生活质量。

自 1915 年起，上海华生电扇从模仿、探索到创新，逐步摆脱国产同类产品的影子，开创独特风格，年销量稳步增高，开启了国产电风扇百年之路。1973 年华生生产的 FT35-1 型台式电风扇（见图 3-3），在造型、色彩、肌理方面进行创新，让老品牌重新焕发生命力。产品基于成熟的网罩电镀自动生产流水线技术，以单根带圆弧的折线来构成网罩，造型轻便、饱满，具有现代感，同时满足了安全防护的需要。色彩上采用了明亮的淡蓝、淡绿色系，营造炎炎夏日中清凉的感觉。

图 3-3 华生 FT35-1 型台式电风扇

3.1.3 探索与形成

进入 20 世纪 90 年代，消费观念由理性向感性转变，工业设计开始注重外观的设计化及新功能的添加，并开始关注用户的生活习惯与方式，逐步从对国外产品的单纯模仿中脱离出来，进行自主探索创新，慢慢形成独立自主的设计模式。

1994 年，美的曾全套引入日本三洋公司的电饭煲生产线，定位模拟高端的日本微计算机电饭煲，然而功能繁多、界面复杂，完全不符合我国家庭的操作习惯，在市场竞争中败退，这让国人意识到单纯仿制而不了解真实用户需求是无法取得竞争力的，所以美的从这一事件中汲取经验，研发设计了更为符合我国国人生活习惯的电饭煲（见图 3-4），操作界面简洁合理，功能划分一目了然，赢得广泛的市场。

图 3-4 美的电饭煲

3.1.4　发展与创新

　　随着进入 21 世纪，我国市场对设计创新的认识与学习有了飞速提升，也崛起了越来越多的自主创新设计品牌。企业开始探索现代生活方式需求，重新思考产品的文化元素，并系统化布局产品的全流程设计与制造。随着新一轮科技革命和产业变革的深入发展，我国工业设计正以发展与融合的全新姿态站上世界产品设计的舞台，展示出独具特色的中国方案，推动了中国文化的创新与传播，彰显了文化自信。

　　例如，"品物流形"一直在积极探索中国的造物方式，将传统材料用现代设计手段重新演绎，让其焕发新生，作品"飘"——纸椅（见图 3-5）把宣纸做成椅子，利用了宣纸细腻的质感和韧性，使其既具备温暖的触摸感，同时提供非常好的支持力；"檐"——纸伞（见图 3-6），基于余杭纸伞的传统工艺而进行创新，几乎保留了所有传统工艺，最大的改进是更简化的结构、更少的部件、更轻的重量以及更友好的人机体验，边缘下垂的设计，看似简单，却解决了传统的纸伞难以抵挡斜雨的缺陷；"无"——纸灯（见图 3-7），设计源于余杭纸伞的轻韧框架与糊纸的做法，选用了竹签制作框架，传统宣纸制作外部蒙皮的做法，让框架与遮罩达到最佳的效果，使灯具透露出天然的光线。

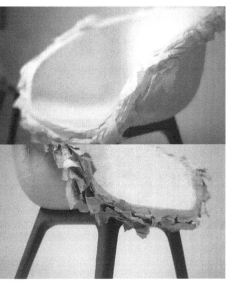

图 3-5　"飘"——纸椅

图 3-6 "檐"——纸伞

图 3-7 "无"——纸灯

3.1.5 机遇与挑战

现阶段智能技术的不断发展，引发了全球化智能设计的浪潮，我国的工业设计也飞速迈向智能体验的新路程，人工智能、物联网、云计算等技术赋能产品设计和生产过程，使生活体验更智能化、高效化和便捷化。智能技术为不同行业的设计研发提供更加精准、个性化的服务，例如，智能装备、智慧医疗、智慧社区、智慧出行等领域，都可基于大数据技术及用户个性需求进行分析研究，从而提供舒适、人性化的产品与服务。智能技术的发展给中国工业设计带来新的机遇与挑战。我国的工业设计将时刻以国家战略需求为导向，积聚力量进行原创性、引领性科技攻关，不断塑造新体验新优势，在全球设计中勇立潮头。

3.2 欧洲工业设计——多元文化的艺术碰撞

3.2.1 英国设计风格

英国是工业革命的发源地，而后又有抗争工业革命的美术工艺运动和新艺术运动，有过辉煌的设计时期。英国的设计既有国家传统手工艺文化的一面，又有追求现代科技的新设计。

詹姆斯·戴森（James Dyson，1947—）是戴森公司的创始人，被英国媒体誉为"英国设计之王"。他所发明的双气旋系统真空吸尘器，彻底解决了旧式真空吸尘器气孔容易堵塞的问题（见图 3-8）；此外，戴森还是无叶风扇的鼻祖、通过将马达藏匿于机身底部，将高速气流通过环形气流倍增器中的缝隙加速射出，赋予"电风

课件 5　英国设计风格

"扇"新的科技感和神秘感，开创了风扇的创新无叶时代（见图 3-9）；此外，戴森吹风机以其时尚的外观造型，底端进气的风道设计以及低噪声、快风速等卓越设计，彻底改变了市场，把家用电器变成了美观的生活工具和地位的象征（见图 3-10）。

图 3-8　戴森真空吸尘器

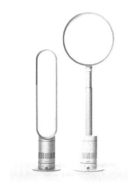

图 3-9　戴森无叶风扇

图 3-10　戴森吹风机

3.2.2　德国设计风格

德国素有"设计之母"的称号，是催生现代设计最早的国家之一。干燥的气候、多山的环境造就了德国人严谨理性的性格，这种严谨和理性使得他们更强调产品内在的功能和技术，以及形式上的秩序感、逻辑性和标准化；德国继承了包豪斯的精神，并将功能美学持续发展，形成高度形式化、几何化的设计风格。

例如，1921 年成立的博朗公司（Braun）以几何形为设计风格，以精致的设计缔造出一个又一个经典，成为德国设计的典范。博朗公司于 1956 年推出的著名 SK4 唱机（见图 3-11），材质上采用了金属外壳和透明有机玻璃，抛弃以往笨重的设计形式，以轻巧通透的设计感造就了在德国设计史上具有里程碑意义的作品，被称为"白雪公主之棺"。博朗产品以现代、简约、纯正和高品质的设计风格而闻名世界（见图 3-12）。

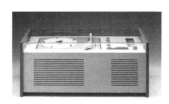

图 3-11　博朗 SK4 唱机

课件 6　德国设计风格

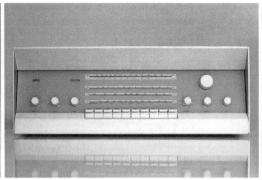

图 3-12　博朗经典产品

3.2.3　意大利设计风格

课件 7　意大利设计风格

　　意大利是文艺复兴的发生地，以其悠久而丰富多彩的艺术传统著称于世。意大利设计遵循的是以创造力和审美感知为基础的文艺复兴传统风格，潮流新颖、热情奔放，在运用新科技的同时，又保留了手工技术和鲜明的意大利民族特征。1921 年创办的具有"设计引擎"之称的阿莱西公司历经百年发展，以其手工抛光金属技艺、独特的设计理念及艺术品造型设计闻名世界。该公司设计大师阿勒萨德罗·蒙蒂尼设计的开瓶器，瓶塞钻采用了可爱的女佣形象，后续又采用了情侣形象，它既是一件工具，也是一件富有情趣的厨房装饰品，改变了以往瓶塞钻单调冷漠的形式（见图 3-13）；阿莱西公司和台北故宫博物院合作了以清朝人物肖像为设计元素的厨房用品，如胡椒粉瓶子等（见图 3-14）。

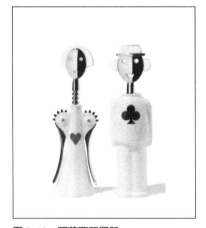

图 3-13　阿莱西开瓶器

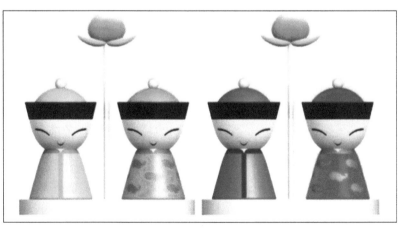

图 3-14　阿莱西台北故宫博物院系列厨房用品

图 3-15 阿莱西"外星人"榨汁机

图 3-16 斯塔克和他的 Flos Ara 牛角台灯

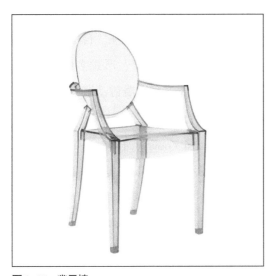

图 3-17 幽灵椅

3.2.4 法国设计风格

法国人追求美好浪漫的生活方式，时尚是这个国度奉行的生活准则。20 世纪 30 年代，在装饰艺术运动的渲染下形成了一种华丽、经典的法国浪漫风格。

20 世纪 90 年代初，意大利设计发展并影响到法国，菲利普·斯塔克（Philippe Starck，1949—）便是其中的代表人物。斯塔克在设计界有"鬼才"之称，1990 年为阿莱西公司设计了他的标志性作品"外星人"榨汁机，虽然形式大于功能，但是奇特的外形使其成了厨房中雕塑般的艺术品（见图 3-15）；1988 年斯塔克和意大利知名品牌 Flos 合作设计了 Flos Ara 牛角台灯，台灯具有干净利落的线条，可以随心所欲地调整需要的照射角度，纯粹而有趣（见图 3-16）；2002 年设计了"幽灵椅"，椅子采用单片聚碳酸酯模板，透明的色泽营造出简洁、空灵、怪异的特殊感觉，椅子的整个骨架都以透明的方式呈现，颠覆了传统家具的制作方式和设计理念，充满反叛感（见图 3-17）。

3.2.5 斯堪的纳维亚设计风格

斯堪的纳维亚国家在文化范畴内包括北欧五国，即丹麦、瑞典、芬兰、挪威和冰岛。这些国家在地理上与外界相对隔绝，不同设计风格对其的冲击较小，手工艺的传统感非常强烈，所以设计上既保留了自己民族的手工艺传统，又不断吸收现代科技中有价值的东西，简洁实用又不失自然的民族特色，走出了一条传统与新技术相结合的工业设计特色之路。

课件 8 斯堪的纳维亚设计风格

斯堪的纳维亚的家具行业是最具代表性的行业，其中，汉斯·瓦格纳是丹麦战后最重要的设计师之一，他一生设计了500多款椅子，被称为"椅匠中的椅匠"。他对我国的明清家具怀有浓厚的兴趣，设计的"中国椅"（见图3-18）具有近乎完美的流畅线条与极简设计，有一种北欧的情调和现代感；以优雅而精炼外形著称的孔雀椅（见图3-19），灵感取自英国温莎椅，他别出心裁地将靠背中段改成扁状，为肩膀提供绝佳的舒适性，在视觉上亦赋予其孔雀开屏般的动人美感。

图 3-18　中国椅

图 3-19　孔雀椅

3.3　美国工业设计——商业引领的科技浪潮

美国是一个多民族的移民国家，文化包容性强，自由、轻松的整体氛围使得美国的工业设计呈现出乐观向上、形式多样的面貌。商业的引领带动了消费的需求，科技的迅猛发展带动了设计的整合发展。

设计大师雷蒙·罗维（Raymond Loewy，1893—1986）作为美国工业设计的先驱人物，他的设计理念为"设计就是经营商业"。1934年，他为西尔斯百货公司设计"冰点"电冰箱（见图3-20），其浑然一体的白色几何体，奠定了现代冰箱的基本造型；1955年，罗维重新设计了可口可乐的玻璃瓶（见图3-21），赋予了这个玻璃瓶更加具有女性柔美曲线的外观，并且去除可口可乐的浮雕图案，

课件 9　美国设计风格

同时使用清晰鲜艳的白色文字；1962 年，他为"空军一号"进行涂装设计（见图 3-22），并在 20 世纪 60—70 年代参与美国宇航局空间站的设计（见图 3-23）。罗维的作品涵盖交通工具、产品设计、包装设计、品牌设计等领域，他的设计理念及作品推动了当时美国工业设计的发展。之后美国涌现出了越来越多的科技公司，如苹果公司、微软公司等，引领了全球的科技设计浪潮（见图 3-24）。

图 3-20　"冰点"电冰箱

图 3-21　可口可乐玻璃瓶

图 3-22　"空军一号"涂装设计

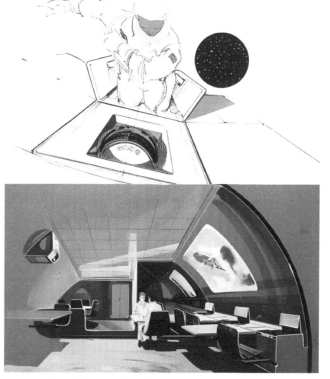

图 3-24　苹果公司及微软公司产品

图 3-23　美国宇航局空间站设计

3.4 日韩工业设计——含蓄禅意的东方美学

日本的设计文化中有东西方设计思想的融合与碰撞，在产品设计中表现出传统文化与高科技的双重特色。日本设计风格主要表现为：①轻薄小巧，基于自然资源相对贫乏、面积狭小的地理原因，设计呈现出小型化、多功能化、实用化的特点；②传统与现代的平衡，设计上继承了传统的朴素、清雅、自然的风格，又有新技术、新材料的运用。

1954年，柳宗理（Sori Yanagi，1915—2011）设计了"蝴蝶凳"（见图3-25），作品以胶合板为材料，利用高周波加热技术成型，模拟蝴蝶展翅的线条轮廓，构造新颖、简练，蕴含着日本传统建筑的美和传统木工艺的材质美，赢得了很高的国际声誉。深泽直人（Naoto Fukasawa，1956—）为无印良品设计的挂壁式CD播放器（见图3-26），将电源线做成开关形式拉动开启，让音乐如风般流淌出来，没有刻意的造作与修饰。保留最单纯的美感和最朴实无华的使用感受，成为日本设计的经典之作。

韩国是继日本之后亚洲最早推进设计进程的国家。由于极大地发挥了工业设计的作用，韩国的经济得到了飞速发展。韩国政府和企业都意识到现代工业设计对于经济增长的重要性，在设计研究、

课件10 日本设计风格

图3-25 柳宗理的"蝴蝶凳"

图3-26 挂壁式CD播放器

产品创新层面都投入大量的人力物力。

　　以韩国科技企业代表三星公司为例，三星公司凭借其敏锐的洞察力，深入发掘用户需求，不断创新，让产品跻身行业前列。三星公司曾推出 QLED 隐形电视，搭配一定的算法，可以捕捉到电视背后的情况，让这款电视机看起来是纯透明的效果，独特的"环境模式"会让电视机和背景墙融为一体，达到近乎隐形的效果（见图 3–27）。

图 3–27　三星 QLED 隐形电视

第4章 ▶▶

工业设计的原则

　　人是设计的核心，人的需求会形成某些共同的属性，同时作为独立的个体，每个人的背景、个性、教育程度千差万别，所以人的需求也具有多样性、个性化和差异性。不同的产品设计需要面对不同的用户群体，要满足用户的需求，提供给用户特定的价值。因此，工业设计要从产品的造型、功能、体验、心理、情感、环保等多角度进行系统化创新设计。

4.1 美观性原则

　　造型美是产品设计的基础，设计要满足人们的精神需要，特别是对美的需要，产品造型的形式美在设计中占有重要的地位，工业产品造型设计要做到简洁、清晰，摒弃无谓的附加装饰。图 4-1 所示为芬兰的设计之父阿尔瓦·阿尔托（Alvar Aalto，1898—1976）

图 4-1　芬兰湖泊花瓶

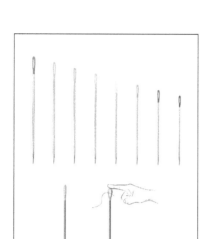

图 4-2 彩头缝衣针（红点概念奖，Zhuo Qingqing）

设计的一款湖泊花瓶。芬兰素有"千湖之国"的别称，阿尔托从星罗棋布的湖泊中得到灵感，优雅的曲线、有机的造型、通透的玻璃材质，让生活充满了艺术感，这款产品因其唯美的艺术造型热卖了近 70 年。

4.2 便利性原则

设计需要充分考虑人的行为能力，使产品最简单、最省力、最安全、最准确地满足人们的愿望，如物体的易操作性、防疲劳、易识别、舒适、空间宽敞、获得信息方便、不同障碍的人之间容易交流等。

例如，一款尾部是软性塑料针孔的彩头缝衣针（见图 4-2），根据不同颜色的尾部可以对针进行区分，方便标识，关键在于尾部采用软性材料制作后，用手稍微一按就可以让针孔变大，方便穿线。

4.3 自立性原则

设计需要承认人的差异，尊重所有的人。对于有障碍的人群，尽量为他们提供必需的辅助用具及便于活动的空间，使他们能独立行动，帮助他们提高自身机能，以更好地适应环境。

图 4-3 所示是来自美国麻省理工学院的研究团队设计的一款盲人手指阅读器，通过戴在手指上的摄像头来拍摄周围的情况，然

图 4-3 盲人手指阅读器

后识别其中的文字，并通过语音合成引擎朗读出来，实现"指哪读哪"的效果。

料不仅可为灾区提供救援，也可应用于缺乏电力资源的贫困地区（见图4-4）。

4.4 经济性原则

当设计面向灾区救援或贫困民众时，要从基本生活需求入手，以低成本高性能形式进行设计关怀，以此改善用户的基本生活品质。

来自哥伦比亚大学的 Anna Stork 和 Andrea Sreshta 设计了一款适合灾区人民临时使用的充气式太阳能气囊灯。这款灯仅重85g，解开扣子用嘴吹气，就能得到一个小气囊。在太阳直射下，7小时就可充满电，续航可达30小时，内部LED灯的光亮可充满整个气囊，形成一个温馨的气囊灯。其柔软轻便的外壳方便运输，低成本材

4.5 通过性原则

设计要尽可能顾及不同人群的特征，为所有人提供方便，送去关爱。产品设计既要适合健全人使用，又需要适合不同障碍的残疾人、老年人、儿童等弱势群体使用。通用性设计原则在公共设施设计中应用较为广泛。

图4-5所示为公共交通工具上的儿童安全座椅，将原有的座椅结构进行部分翻转设计，普通模式下为成人座椅，必要时通过结构变换，可瞬间变身为适合儿童的安全座椅，给孩子们带来多方位的行程保护。

图4-4 充气式太阳能气囊灯

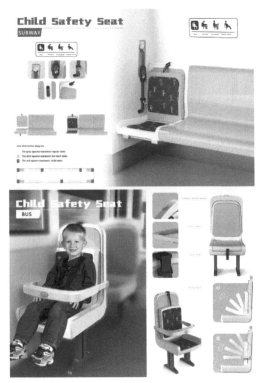

图4-5 儿童安全座椅（2021年iF设计新秀奖：Delan Mu, Ming Wang, Xiaotong Wang）

4.6　情感化原则

在产品设计中，情感是沟通设计师、产品与大众的一种高层次的信息传递过程。一旦人对产品建立某种"情感联系"，原本没有生命的产品就能够表现人的情趣和感受，变得栩栩如生，从而使人对产品产生依恋。

图 4-6 所示为韩国 Tale 工作室设计的"月亮碗"，巧妙的内部结构，让它在倒入米酒、酸奶之类偏白色的饮料时，能模拟从新月到满月的几乎全部的阴晴圆缺状态，既减少了容量，又多出了情调。

图 4-6　月亮碗

4.7　可持续原则

优秀的产品设计应该有助于引导一种能与生态环境和谐共生的、正确的生活方式，创造"人—产品—环境"三者的和谐关系，这是可持续原则在设计中的体现。可持续设计要求在满足使用要求的同时，在制造、应用和回收处理中使用较少资源，对环境造成较少负担。

图 4-7 所示为可口可乐的 Coca-Cola 2nd Lives 再生计划，免费为人们提供 16 种功能不同的瓶盖，将这些不同功能的瓶盖拧到旧可乐瓶上，空瓶瞬间就可变身为杠铃、水枪、喷壶、笔刷、调味瓶或者吹泡泡的玩具，赋予了空可乐瓶第二次生命。

图 4-7　可口可乐再生计划

第 5 章 ▶▶

工业设计
常用材料
与工艺

材料是工业设计中的一个重要环节，它让产品以不同的形式得以表现。回顾整个工业设计史，新材料的发明与生产技术的变革不断向设计师发出探寻形式与内涵的挑战。材料一路推动和引领着生活的发展，现代社会中，金属、塑料、陶瓷通常被称为产品设计的三大材料。如今，越来越多的材料进入产品领域，丰富的材料以及成型工艺让产品的世界变得更加多姿多彩，进一步推进了工业设计的发展。

5.1 塑料

塑料发明于 19 世纪中叶，是以高分子合成树脂为主要成分，在一定温度和压力下塑制成型的一类高分子材料。塑料种类繁多，到目前为止，世界上投入生产的塑料有三百多种。塑料材料因为性能优异，加工容易，是产量最大、应用最广的高分子材料之一，非常适用于批量生产。塑料产品涉及人们生活的各个方面，从家电的外壳到办公用品，从衣服纽扣到家具把手，从照明灯罩到机床仪表盘、汽车、飞机内饰，无一不是由各种塑料加工而成（见图 5-1）。

根据各种塑料不同的使用特性，通常将塑料分为通用塑料、工程塑料和特种塑料 3 种类型。塑料具有共同的优质属性：重量轻、性能稳定、不会锈蚀、耐冲击性、耐磨耗性、绝缘性好等。塑料也

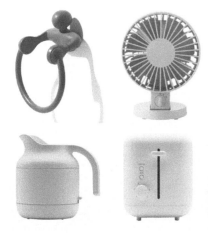

图 5-1　塑料产品

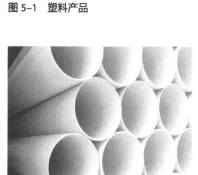

图 5-2　挤塑产品

图 5-3　注塑产品

图 5-4　吹塑产品

有其局限性：不耐高温、低温容易发脆、易变形、易老化、污染环境等。塑料的成型加工是指由树脂聚合物制成最终塑料制品的过程。加工方法（通常称为塑料的一次加工）包括以下几种：

1）吸塑：用吸塑机将片材加热到一定温度后，通过真空泵产生负压将塑料片材吸附到模型表面上，经冷却定型而转变成不同形状的泡罩或泡壳。

2）压塑（模压成型）：将塑料材料置于模具内，利用模压机加热加压从而固化成型。

3）挤塑（挤出成型）：使用挤塑机将加热的树脂连续通过模具，挤出所需形状（见图 5-2）。

4）注塑（注射成型）：使用注塑机将塑料熔体在高压下注入模具内，经冷却固化成型（见图 5-3）。

5）吹塑（中空成型）：借助压缩空气的压力使闭合在模具中的热树脂型坯吹胀为空心制品的方法（见图 5-4）。

此外还有压延、发泡成型等加工工艺。

塑料的二次加工又称为塑料的二次成型，是采用机械加工、热成型、连接、表面处理等工艺将一次成型的塑料板材、管材、棒材、片材及模制件等制成所需的制品。塑料的表面处理是将塑料的表面赋予新的装饰特征。塑料表面处理包括镀饰、涂饰、印刷、烫印、压花、彩饰等。塑料材质具有优美舒适的质感，外观可变性大，可制成透明、半透明和不透明，具有适当的弹性和柔度，给人以柔和、亲切、安全的触觉质感，可以注塑出各种形式的花纹皮纹，容易整体着色，色彩艳丽，并通过镀饰、涂饰、印刷等装饰手段，加工出近似金属、木材、皮革、陶瓷等各种材料所具有的质感，达到以假乱真的外观效果。

5.2 金属

人类社会的发展先后经历了"铜器时代""铁器时代"，逐步迈入"轻金属时代"，金属材料给人类文化提供了强有力的推动力。长期以来，金属材料一直是最重要的结构材料和功能材料。钢铁、铜合金、铝合金、镍合金等都是最重要和应用最广泛的传统金属材料。在钢、铁和合金为代表的现代工业社会，金属材料以其优良的力学性能、加工性能和独特的表面性能，成为现代产品设计中的主流材质之一。从首饰到家用器具，从工具到机器，从住房到交通工具，金属无处不在推动着人类文明的进程、改善着人类生活的水平，是其他材料所无法替代的。由此，金属材料被人们誉为材料之王（见图 5-5）。

金属材料通常分为两大类：一类是黑色金属，是指铁、锰、铬及其合金，其中以铁为基体金属的合金（钢和铸铁）应用最广；另一类是有色金属，是指除黑色金属以外的所有金属及其合金。金属具有较高的强度、硬度、刚度，具有良好的弹性、塑性、韧性；其导电性、导热性能优异，具有特有的色泽和优美的音质；金属喷漆、喷塑、电镀、氧化、磷化等工艺可起到防腐作用，并赋予金属制品表面以丰富的肌理和色彩。

金属材料的成形工艺包括铸造、塑性加工、切削加工、焊接、固态成形等。铸造是将熔炼的金属液浇注入铸型内，经冷却凝固获得零件的制作过程（见图 5-6）；塑性加工也称为压力加工，是在常温或加热的情况下，利用外力作用，使金属产生塑性变形的加工方法（见图 5-7）；固态成形一般指的是在进行复合材料加工中，基体基本上处于固态，主要包括粉末冶金、固态热压、热等静压法（见图 5-8）。

图 5-5　金属产品

金属材料或制品的表面受到空气、水分、日光等的侵蚀，使金属材质产品锈蚀，引起金属材料或制品失光、变色、粉化或裂开，从而遭到损坏。金属材料表面处理及装饰的功效一方面是起保护作用，另一方面是起装饰作用。金属材料表面装饰工艺分为表面着色工艺和肌理工艺。表面着色工艺包括化学着色、电解着色、阳极氧化着色、镀覆着色、涂覆着色、珐琅着色、热处理着色等；金属表面肌理工艺包括表面锻打、研磨拉丝、抛光、镶嵌、蚀刻等（见图 5-9~ 图 5-11）。

金属材料的自然材质美、光泽感、肌理效果构成了金属产品最鲜明、最富感染力和最有时代感的审美特征，它对人的视觉、触觉给予直观的感受和强烈的冲击。来自德国工作室 inbetween 工作室设计的黄铜烛台（见图 5-12），其一圈一圈的镂空形式可以拉伸变成一个非常有"深度"的立体网状结构，在里面放上蜡烛后就化身为便携的烛台，集实用和视觉感为一体。

来自中国台湾的创意设计品牌 ithinking 的犀牛铁锤（见图 5-13），采用犀牛的造型，本体和握把都是铝合金材质，轻巧

图 5-6　铸造成形产品

图 5-7　塑性成形产品

图 5-8　固态成形产品

图 5-9　锻打工艺

图 5-10　研磨拉丝工艺

图 5-11　抛光工艺

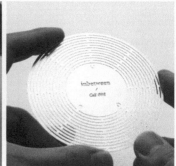

图 5-12　黄铜烛台

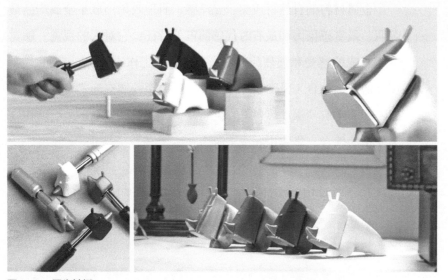

图 5-13　犀牛铁锤

且不易生锈，表面是无毒材质喷漆，可以放心使用，敲击面是不锈钢，发丝面纹路，既提升了产品的质感与设计感，又强化了实用度。整体呆萌可爱，将工具变成了日常的艺术摆件。

5.3　陶瓷

　　我国是陶瓷的发源地，从发明至今已有数千年的历史。我国素有"瓷器之国"的美称，无论是北京故宫博物院的琉璃瓦，还是出土的唐三彩，虽经千百年的风雨，仍华丽无比，光彩夺目，显示出陶瓷的耐久性与无与伦比的艺术魅力。陶瓷是人类最早利用的非

图 5-14　陶瓷产品

天然材料，这一古老的人造材料，以其优异的物理化学性能，自始至终伴随着人类社会文明的发展，是现代工业设计重要的材料之一（见图 5-14）。

陶瓷是以天然矿物质和人工制成的化合物为原料，按一定配比称量配料，经成型、高温烧制而成的制品的总称。陶瓷可分为传统陶瓷与特种陶瓷两大类。传统陶瓷是指以黏土、长石、石英等天然矿物原料为主要原料；特种陶瓷的主要原料已经不是传统的黏土硅酸盐材料，而是采用了碳化物、氮化物、硼化物等人工精制合成原料，如氧化铝陶瓷、金属陶瓷、纳米陶瓷等（见图 5-15~图 5-17）。

普通陶瓷制品按所用原材料种类的不同及坯体的密实程度不同，可分为陶器、瓷器和炻器三大类。陶器以陶土为主要原料，经低温烧制而成，断面粗糙无光，不透明，不明亮，敲击声粗哑，可分为粗陶和精陶；瓷器以磨细岩粉为原料，经高温烧制而成，胚体密度好，基本不吸水，具有半透明性，有涂布和釉层，敲击时声音清脆，分为粗瓷和细瓷两种，瓷质制品多为日用细瓷、陈设瓷、美术瓷、高压电瓷、高频装置瓷等；炻器是介于陶质和瓷质之间的一类产品，分为粗炻器和细炻器两种，建筑饰面用的外墙面砖、地砖等属于粗炻器，日用器皿、化工及电器工业用陶瓷等属于细炻器。

陶瓷的基本特性为刚度大、硬度高、强度高、脆性大、熔点高、耐高温、抗氧化能力强等。陶瓷的种类很多，但其成型工艺基本上是相同的，都要经过如下工序：①制粉：将各类原材料（黏土、长石、石英等）按需磨细成粉，并按比例进行均匀混合；②成型：将制好的坯料，用不同的方法制成一定形状和尺寸的坯件（生坯）；③干燥：对成型后的坯体进行干燥处理，提高其对釉色的附

图 5-15　氧化铝陶瓷构件

图 5-16　金属陶瓷刀片

图 5-17　纳米陶瓷刀具

图 5-18　陶瓷"充气"玩具

着力，缩短烧结周期，降低燃料消耗；④施釉：在陶瓷坯体表面覆以釉质材料；⑤烧结：将制好的坯件送入窑炉中，在一定的温度下和时间内进行烧制；⑥后续加工：进行表面加工、表层改性、金属化处理、施釉彩等表面装饰。

时代在不断发展和进步，陶瓷材料在保持原有造型特征和艺术特征的基础上，通过设计师的灵活运用，创造出许多令人惊奇的陶瓷产品。美国陶瓷艺术家布雷特·科恩（Brett Kern）把陶瓷做出了气球的质感，充气孔、褶皱以及光滑的质感让这些玩具看起来几乎没有重量，让这些陶瓷玩具如充气气球般呆萌可爱（见图 5-18）。

5.4　玻璃

玻璃是人们十分熟悉的应用材料，它的历史悠久。由于玻璃在气密性、装饰性、耐蚀性、耐热性及光学、电学等方面具有优良特性，而且能用吹、拉、压、铸等多种成型和加工方法制成各种形状和大小不同的制品。传统的玻璃在加工和使用中最大的缺点是脆性大，这使得其在使用中受到限制。但是随着科学技术的进步，现在已经能够生产出弯曲强度及硬度很高，不易破碎、高强度、高耐磨的玻璃，从而逐渐克服了传统玻璃的弱点。现在的玻璃品种日益繁多，不仅有无机材料的玻璃，而且有由高分子组成的有机玻璃、金属玻璃等，使得玻璃的应用领域更加广泛。良好的实用价值加上晶莹剔透的外表，让玻璃制品极具观赏性，因此也得到了众多设计师的青睐（见图 5-19）。

在玻璃制造的过程中加入各种溶剂，可以让玻璃呈现不同的色彩；在玻璃加工的过程中加入各种助剂，可以明显地改善玻璃的强度性能，如钢化玻璃比普通玻璃的强度提高许多倍；采用不同的加工工艺，可以得到各种不同的玻璃制品，如中空玻璃、夹丝玻璃等；熔融状态的玻璃可弯、可吹塑成型、可铸造成型，得到不同形状和状态的玻璃制品；玻璃成品可锯、可磨、可雕；玻璃表面可进行喷砂、化学腐蚀等艺术处理，能产生透明和不透明的对比。

　　玻璃的加工工艺视制品的种类而定，过程基本上分为配料、熔化、成型、后期处理等阶段。玻璃成型的主要方法有压制法、吹制法、拉制法、压延法、浇注法和烧结法等。成型后的玻璃制品，除了极少数能够直接符合要求，大多数需要二次加工才能得到最终的制成品。二次加工的方法包括切割、腐蚀、黏合、雕刻、研磨、抛光、喷砂、钻孔与热加工等，如人们常用的玻璃镜、鱼缸、艺术玻璃、玻璃移门等产品。

　　玻璃以其天然的、极富魅力的透明性和变幻无穷的色彩感和流动感，充分展现了玻璃的材质美，玻璃的反射性让其具有强烈的反射光的能力，这是其他材料无法效仿的光影情调。来自阿塞拜疆的设计师 Elnur Babayev 的口袋台灯（见图 5-20），灯罩是磨砂玻璃材质，而绳子是长长的黑色电源线，犹如把光装进了口袋。

图 5-19　玻璃制品

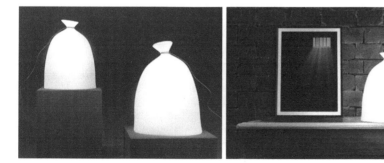
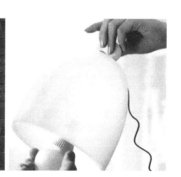

图 5-20　口袋台灯

5.5 木材

木材是人类最早使用的造型材料之一，从钻木取火到构木为屋，从劳动工具到生活器具，从包装到纸张，从木车辕到船舶，无处不在见证人类文明的进步与发展。木材所特有的宜人的质感、丰富的肌理、柔和的色泽、清新的芳香是其他任何材料所无法比拟的，仍占据着重要的设计材料地位之一（见图 5-21）。

木材是可再生的自然资源，是无污染、环保的应用材料。木材具有较复杂的综合特性，主要表现在：相对金属而言，密度小、质轻；容易加工、附着力强，易于着色和涂饰；对空气中的水分敏感，导热、导电性差；具有美丽的花纹和天然的色泽，有一定的可塑性；易变形、易燃，并具有各向异性。

常用的木材主要包括原木（见图 5-22）和人造板材。原木是指伐倒的树干经过去枝去皮后，按规格锯成一定长度的木料。原木分为直接使用的原木和加工使用的原木两种。加工使用的原木是作

图 5-21　木质产品

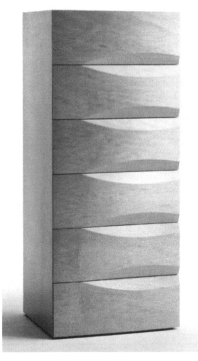

为原材料加工用的，它是将原木按一定的规格和质量经过纵向锯割后的木材，又称为锯材。锯材又可以分为板材和方材。

人造板材是利用木材在加工过程中产生的边角废料，混合其他纤维制作成的板材。人造板材种类很多，常用的有刨花板（见图 5-23）、中密度板、细木工板（大芯板）、胶合板（见图 5-24）以及防火板等装饰型人造板，因为它们有各自不同的特点，所以被应用于不同的家具制造领域。

木材的加工方法包括锯割、刨削、铣削、凿削等，可借助木工加工机械设备或手工木工工具完成。木材因天然尺寸有限，或结构构造的需要，采用拼合、接长和节点连接等方法，将木料连接成结构和构件。连接是木结构的关键部位，

设计与施工的要求应严格，传力应明确，韧性和紧密性良好，构造简单，检查和制作方便。常见的连接方法有：卯榫连接、螺栓连接、钉连接、胶连接、齿连接、键连接等。卯榫是在两个木构件上所采用的一种凹凸结合的连接方式。凸出部分叫榫，凹进部分叫卯，榫和卯咬合，起到连接作用，这是我国古代建筑、家具及其他木制器械的主要结构方式。榫卯结构是榫和卯的结合，是木件之间多与少、高与低、长与短之间的巧妙组合，可有效地限制木件向各个方向的扭动（见图 5-25）。

木材制品的加工工艺是将木材原料通过木工手工工具或木工机械设备加工成构件，并将其组装成制品，再经过表面处理、涂饰，最后形成一

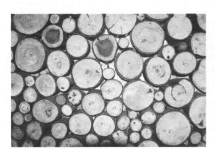
图 5-22　原木

图 5-23　刨花板

图 5-24　胶合板

图 5-25　榫卯结构

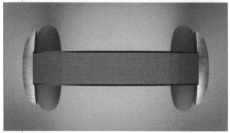

图 5-26　Braun Bounce 耳机

件完整木制品的技术过程。木制品的加工一般包括配料、构件加工、装配和表面涂饰 4 个步骤。

木材轻盈、强度高、弹性好、易加工，尤其难得的是有美丽的纹理和不需人工渲染的天然色泽，它能给人以淳朴古雅、舒适温暖、柔和亲切的感觉，无论装饰在什么部位，都显示出一种高贵典雅而又朴实无华的自然美。设计师 Rasam Rostami 设计的 Braun Bounce 耳机，其木质外壳搭配柔软的耳垫和极简的头带，不同的木质纹理带来高贵典雅的生态气息（见图 5-26）。

5.6 竹材

我国是世界上竹子种类最多、产量最大的国家。竹材具有生长快、杆直、无年轮、质轻、强度高、有弹性及价廉等优点，是一种优良的工业设计应用材料。利用竹子受热时易变形的特性，通过烘烤，人们可将竹子弯成需要的形状。

竹材分为原竹和竹板材两大类。对于原竹的利用是把大竹用作建筑材料，中、小竹材制作文具、乐器、农具、竹编等。竹板材是由加工处理好的精致竹片经胶合压制而成的板材和方材，竹板生产通常须采用 4~6 年的大径楠竹，经锯切断料、分片、粗刨、高温蒸煮、高压炭化、烘干、精刨、分色选片、组胚压合、砂光等数十道工艺处理而成，具有卓越的物理性能，并且具有吸水膨胀系数小、不干裂、不变形等优点。竹板材可分为竹材层压板、竹木复合板、竹材人造板等。

竹材的应用广泛，可用于制造乐器，如笛子、箫、芦笙等；可用于制作家具，如竹椅、竹凳、竹床、窗帘、竹席、拐杖、竹地板等；可用于制作小工艺品、小日用品，如笔筒、牙签、筷子、竹屐、折扇、笔杆、算盘等；还可用于制作工艺美术品，如竹雕刻、竹根雕等（见图 5-27）。

竹制品具备以下几大特性：一是冬暖夏凉，由于竹子的天然特性，其吸湿、吸热性能高于木材；二是竹子具有抗拉、抗压、抗弯强度好等优点；三是环保，竹子属于草本植物，是世界上生长最快的植物之一，竹子三四年就可成材，且砍伐后还可再生，对于天然林存量甚低的我国来说，不失为一种优质的替代材料，而且竹材在黏接上使用特种胶，避免了甲醛对人体的危害，有益于人体健康。

　　来自东海大学的设计——竹制假肢（见图 5-28），取材自当地的竹子，在踝关节处采用多层的竹子结构，通过竹子本身的弹力，来降低假肢走路时的消耗，让穿着假肢走路也不费力；而包裹假肢的部分，则采用热塑塑料材质，使用的时候，先将之加热软化，就能根据每个人的情况，形成合适的形状。相较于传统的假肢，这款假肢能尽可能地利用当地的竹子进行生产，从而降低生产成本。

图 5-27　竹制品

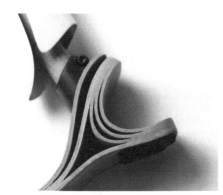

图 5-28　竹制假肢（红点至尊奖）

5.7 纸类

纸是我国古代伟大的"四大发明"之一,一直以来,它在人类历史文化的传播中起着举足轻重的作用。纸已经被广泛应用到人类生活的各个方面,随着纸的质量提高和新品种的不断涌现,纸的用途已不限于人们的文化生活范围,而是成为工业、农业和建筑等方面不可缺少的材料。对于设计师而言,纸是一种多功能的、高贵的和简洁的材料,它可以创造出许多鬼斧神工的创新之作(见图 5-29)。

图 5-29　纸制品

不同的纤维材料构成不同的纸,例如,以植物纤维如木材、亚麻布、棉花、芦苇等构成了传统纸类;以合成纤维和塑料薄膜构成了合成纸;而以新的特殊纤维原料构成了功能纸。

纸的特点主要有:①实用性。纸的价格比较便宜,且原料的来源也非常广阔,例如,可以用回收的废旧制品再生产制得。纸质家具使用的瓦楞纸重量最轻,用料最少,成本最低,实现了足够的设计独特性、高强度性和安全性,还有防水、防虫、防腐、防霉、不脆化等优点;②多功能性。可以对纸进行折、撕、卷、弯、压、拉、剪、弄碎、弄出褶皱、卷成筒状、碾成粉末、打孔、烧灼、印、缝等处理,具有高度的适应性;③多样性。纸的种类多样,纸张的色彩和质感也随之变得多样化;④环保性。纸可以反复回收再利用生产,并且可以简化产品的结构,减少了在生产过程中对环境的污染,具有极佳的环保性能。

来自日本设计师 Kazuhiro Yamanaka 的 A4 纸蜡烛,通过一张具有渐变色的 A4 纸包裹纽扣电池和超薄 LED 来实现,只需要将其卷成一个圆筒,在卷的过程中,纽扣电池被包裹进来,就能接通开关,让 LED 被点亮,浪漫美观又方便运输(见图 5-30)。

图 5-30　A4 纸蜡烛

5.8　织物

织物以它特有的轻柔、高雅，美化了人们的生活。不同原料的手感、外观、颜色、光泽、弹性不同，为产品的设计带来众多的选择。纤维织物在家具设计中应用广泛，它具有良好的质感、保暖性、弹性、柔韧性、透气性，并且可以印染上色彩和纹样多变的图案（见图 5-31）。

织物的含义很宽泛，包括织、编、纺、绣、印、染、提花等成型工艺所制产品，花样、品类众多，主要分为：棉、麻、革、动物毛、蚕丝、人造纤维、合成纤维等。

来自设计师 Nyllili Studio 设计的 Mellow 蓝牙音响边桌，是一款集成了蓝牙音箱的圆形小边桌，原木色桌面配棉麻布料桌体，由三条木腿支撑，Mellow 按键都集成在桌边，可以轻松地控制音响的开关及播放，整体造型优雅大方（见图 5-32）。

图 5-31　织物产品

图 5-32　Mellow 蓝牙音响边桌

第6章 ▶▶

工业设计模型

6.1 模型概述

工业设计模型是根据工业设计的不同阶段，按构思内容或设计图样对产品的形态、结构、功能及其他产品特征进行设计表达而形成的实体或虚拟模型。工业设计模型涉及机械、汽车、轻工、电子、化工、冶金、建材、食品等多个领域，应用范围十分广泛。

图6-1所示是用聚氨酯硬质发泡材料经表面涂饰制作而成的汽车模型。

图6-1 汽车模型

我国最早的模型是汉代的"陶楼"，如图6-2所示。"陶楼"是汉代的随葬品和祭祀品，用胚土烧制而成，按照一定比例缩放了汉代陶楼，外形和结构与实际建筑十分接近。

6.1.1 产品模型

产品模型在不同的设计分支类别里也被称为产品原型，用于描述产品、服务或系统的实际应用效果或三维呈现。不同行业在新产品开发时都会有一个从概念向实体转化的过程，能够承载概念的任何事物都可以称为产品模型，包括UI设计师的界面使用流程策划、工程师设想的结构连接状况等。

由于产品模型在工业设计中涵盖的内容很广，因此这个术语在工业设计中应用得越来越广泛。

图6-2 汉代陶楼

6.1.2 模型的迭代

较上一个版本模型的更新，每个新的版本通常被称为一个"迭代"。产品模型的改进伴随整个设计流程，随着设计的不断深入，模型会随设计内容的更新不断发生变化，逐渐被更完善的"迭代"模型所替代。图 6-3 所示为电源插头的模型"迭代"。通过模型的"迭代"，表达更为完善的设计内容。

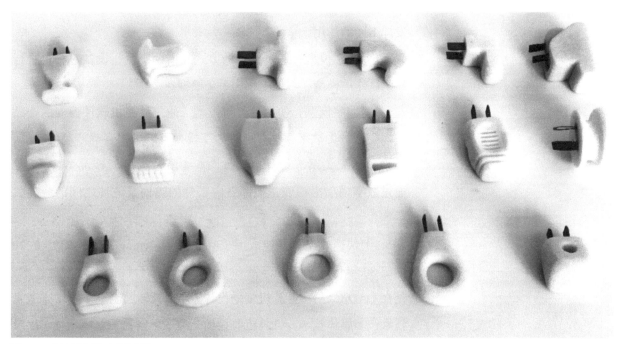

图 6-3 电源插头模型"迭代"

6.2 模型的意义与作用

在现代产品设计中，模型是表达设计的常用手段之一。通过反复的调整、分析、讨论等阶段来修改模型，以达到最佳的设计效果。模型是设计师与设计师、设计师与客户、设计师与消费者之间沟通的有效语言，模型以实体的形式展示。

随着现代工业的发展，模型的种类也越来越丰富。模型涉及很多行业，成为设计师表达想法的有效手段之一。相对计算机效果图而言，实物模型较为直接和真实，行业内外人员都能接受，并能展开有效沟通。

6.3 模型的种类

6.3.1 按模型功能分类

目前，在工业设计中经常使用如下几种类型的模型进行设计表达，每种类型的模型都有其各自的价值和意义，在不同的设计阶段发挥不同的作用。

1）手工模型：通过手工的方式并借助工具、设备对材料进行加工制作的模型，习惯上称为手工模型。

2）数字模型：使用计算机技术，通过计算机软件建立的产品虚拟模型称为数字模型。通过数字模型可以虚拟表现产品的功能、结构、装配关系等设计内容。图 6-4 所示为耳机产品数字模型，通过数字模型虚拟表达产品各零部件的结构及零件之间的装配关系等。

3）快速成型：快速成型（Rapid Prototyping，简称 RP）是 20 世纪 80 年代末出现的涉及多学科、新型综合性的先进制造技术，是在 CAD/CAM（计算机辅助设计 / 计算机辅助制造）技术、激光技术、多媒体技术、计算机数控加工技术、精密伺服驱动技术以及新材料技术的基础上集成发展起来的高新制造技术。其应用领域非常广泛，快速成型技术也为产品模型制作提供了新的成型与设计应用的方法，如图 6-5 所示。

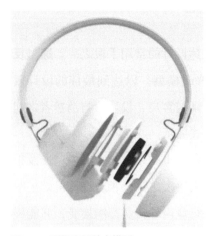

图 6-4 耳机产品数字模型

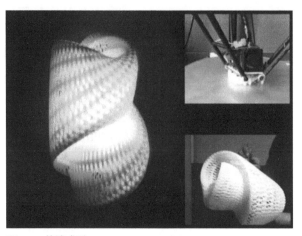

图 6-5 快速成型

6.3.2　按制作材料分类

（1）纸材模型（见图6-6）

材系：瓦楞纸、白板纸、铜版纸、牛皮纸、羊皮纸、马粪纸、吹塑纸、进口美术用纸等。

优点：取材容易，价格低廉，可塑性强，质轻。

缺点：怕压、怕潮，易变形，稍大则需衬龙骨架，较烦琐。

（2）木质材料模型

选材：材质软，带韧性，纹理较细，易加工，变形小，木节少。

优点：质轻，强度好，不变形，涂饰方便，宜做较大模型。

缺点：费工，成本高，不易修改、填补。

（3）黏土材料模型

优点：可塑性好，修改方便，易回收利用，易取材，价廉。

缺点：不易保存，干后易变形开裂。

（4）塑料材料模型

产品模型的制作中，塑料是最常用的材料，如PVC（聚氯乙烯）、ABS（丙烯腈—丁二烯—苯乙烯）、PP（聚丙烯）、亚加力（丙烯酸胶）、有机玻璃等。可用于制作电视机、显示器、电话机等产品模型。

1）硬质泡沫塑料模型。宜用于制作形状不太复杂、形体较大、较规整的模型。常用电热切割器进行切割。

优点：质轻，易成型，不变形，易取材，价廉，好保存。

缺点：怕碰撞，不易细致加工，不易修改，不能直接着色，遇酸、碱易被腐蚀，须做隔离层处理，如涂上虫胶清漆等。

2）ABS模型。

特点：不透明，溶于氯仿，是典型的产品模型材料，具有优良的耐热性、耐光性、耐电性，坚韧，耐冲击，不易燃烧，可电镀和着色，可用钩刀切割，用电炉或电吹风加热可变软、任意弯曲。常用ABS板有1mm厚、1.5mm厚、2mm厚、4mm厚等，广泛用于通信器材（电话、

图6-6　纸质模型案例

手机）、电冰箱、吸尘器、打字机、计算机、仪表、电风扇、电吹风以及汽车上使用的方向盘、仪表盘、汽车外壳、手柄等的模型制作。

3）透明板材模型。

优点：透明，精致，高雅，质轻，加工方便。

缺点：成本高，易老化。

（5）石膏模型

优点：成型容易，雕刻方便，易涂装，价廉，易于长期保存。

缺点：较重，怕碰、压。

（6）金属材料模型

其原材料为铝镁合金等金属材料，可用于制作笔记本计算机、MP3播放机、CD机等模型。

优点：强度高，焊接性好，易涂装。

缺点：加工成形难度大，不易修改，易生锈，笨重，成本高。

（7）玻璃材料模型

用玻璃刀划切加工处理。常为平板类，如普通板玻璃、加工板玻璃、特种板玻璃等。

6.4 模型的制作材料与工艺

6.4.1 纸质模型制作

在制作纸材模型时，根据模型对象的具体情况通常选用120~200g的卡纸。纸的克数越高，相对来讲纸就越厚，手工切折加工也更困难。

工具有长尺和曲线板，以及压痕刀。胶水要选择浓度较高一些的，如合成胶水或者白乳胶。大头针可以用来钻孔，也可以作为组件使用。

在进行模型体块之间的连接时，先不上胶水，而是把各部件拼到一起看看接合后的效果，即所谓的假组合或预组合。这对于判断接合的准确度及进行下一步的修整工作都是十分必要的。它能够使你直观地看出模型各组件组合后的整体效果，很好判断哪里该修整了。

最后，用各种颜色的马克笔、铅笔来给各部件边缘、折线补色。模型完成后，可以喷上光油，也可以用亚光喷漆喷在表面不需要光亮的模型上，让模型更好保存。

纸质模型的制作步骤大致分为：

1）绘制草图，构思设计内容，选择相对理想的设计方案深入。

2）构建小比例草模，将草图内容进行三维形态转换。

3）绘制展开图，如图6-7所示，即外部形态和连接结构。裁切部位用实线表示，折叠部位用虚线表示。绘制完成后，需对各部件的连接尺寸进行仔细检查，避免出现后续安装问题。

4）裁切，如图6-8所示。

5）部件立体折叠与拼装，如图6-9所示。

6.4.2 油泥模型制作

油泥模型是用油泥材料、用仿真的效果来表达产品实际结构和外观的一种方法。它比效果图来得更为真实，更加直观，更有说服力，有利于及时发现设计中存在的问题。通过油泥模型，产品的细部结构和在效果图中尚未发现的问题可进一步得到改进和处理，使设计方案得以最终完善。

油泥是一种有形材料，不溶于水，不会干裂变形，其可塑性会随着环境温度的变化而产生变

图 6-7　绘制展开图

图 6-8　裁切

图 6-9　折叠与拼装

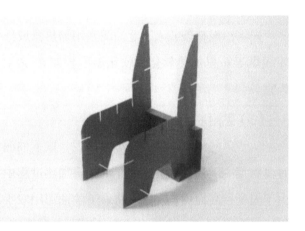

图 6-10　油泥刮刀、刮片

化，即在环境温度较低的情况下油泥会变硬；在环境温度较高的情况下油泥会变软。在室温条件下油泥是固体状态，附着力差。因此在使用时须用瓷盆等容器盛装，放入烤箱或专业用电炉加热使用，软化温度为 40~50℃，需要特制的专业工具进行处理。油泥模型易于表现与修改，可反复使用，缺点是后期处理比较麻烦。

在模型制作中常会用到工作台、油泥刮刀、刮片、测量仪器等工具；常用材料有油泥、泡沫、板材、胶带等，如图 6-10 和图 6-11 所示。

（1）搭建骨架

油泥模型一般会用木料制作基架，用三合板作为油泥模型的木芯胎架，最后在上面粘黏泡沫塑料来构成基本轮廓，如图 6-12 所示。

图 6-11　油泥

图 6-12　搭建骨架

（2）附着油泥

先将油泥整条放入工业油泥专用加热器或红外线烘干箱里加热软化，软化温度控制在 60℃为宜。

（3）贴附油泥

从整条的油泥上取下一小块油泥。取下油泥时要触摸一下油泥温度，防止油泥再加热过程中由于温度过高而烫伤皮肤。将取下的油泥用双手搓成细长的条状，将油泥快速按压在骨架表面。油泥的贴附不是一次完成的，需要多层贴附才能达到一定厚度，一般情况下，根据模型体量的大小控制油泥厚度在 10~50mm 为宜，如图 6-13 所示。

贴附过程中可能会使油泥表面凹凸不平，应当及时找平油泥层，以方便下一次贴附。

（4）形态塑造

根据形态要求，要将油泥表面分成多个平面或曲面分别塑造；用刀具将平面及曲面上多余的泥料切除，塑造出模型的基本形态；再用刨削工具对粗糙不平的泥面进行通体刨削，进行粗加工，可以快速获得比较顺滑的平面。

刨削后，换有锯齿口的刮刀继续进行深加工。根据加工的平面及位置不同，选取不同型号的刮刀、刮片通体粗刮油泥表面。如果刮削面上发现凹陷部位，及时用软化的油泥填补凹陷部位，继续用刮刀将填补部位刮平，如图 6-14 所示。

图 6-13　贴附油泥

图 6-14　形态塑造

图6-15 精细塑造

（5）精细塑造

塑造平面时，使用平口刮刀或金属刮板等刮削工具进行加工，为了保障加工面的平整度，加工过程中应随时使用尺子等工具测试面的平整度。

塑造曲面时，应借助相应的截面轮廓模板进行加工，截面轮廓模板一般选用有一定厚度且平整、质硬的薄板材进行制作，如硬卡纸、塑料板等。使用截面模板对曲面进行刮削的过程中，要随时观察模板与油泥表面的重合状况，直至模板轮廓与刮削面相重合，如图6-15所示。

注意模板要编号保存，以便后续二次加工继续使用。

（6）压光处理

形态塑造完成后，还需要对油泥表面进行压光处理。目的是去除刀具及模具造成的细小刮痕，使油泥表面更加光滑。

选用薄而有弹性的金属刮板对油泥模型表面通体进行压光处理，注意刮板的刃口要光滑、顺畅，刮削时稳握金属刮板，角度控制在20°~30°，刮削过程中不要停顿。

对油泥表面压光处理后，使用羊毛板刷细心地清扫表面细小颗粒，至此完成油泥模型的制作过程，汽车油泥模型如图6-16所示。

图6-16 汽车油泥模型

第7章

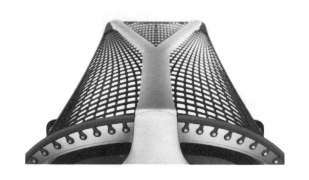

工业设计
人机工程
与设计心理学

工业设计是一项集理性与感性相结合的复杂综合性活动,设计的因素包含艺术、文化、经济、科技等特征,具体会涉及哲学、美学、艺术学、心理学、工程学、管理学、经济学、方法学等诸多学科。学科之间的相互渗透与发展,增强了工业设计的丰富内涵,促进了设计思维的变革,实现了工业设计设计观念的与时俱进。

7.1 人机工程学

社会的发展、技术的进步、产品的更新、生活节奏的加快等一系列的社会与物质的因素,使人们在享受物质生活的同时,更加注重产品的方便、舒适、可靠、安全和高效,也就是在产品设计中常提到的人性化问题。工业设计过程中,除了要考虑环境、商业、制造等因素外,关键要研究考虑人的因素,让产品更好地为人使用,创造更高的价值。人机工程学所涉及的人的因素包括生理、感知、精神、心理等因素,以及延伸到社会层面等深层因素,设计要在各种限制条件下分析处理人的因素,达到与其他条件更好地平衡,更充分地关怀人的生活。

7.1.1 人机工程学概述

只要是生命体所使用的产品,都应在其相关的人机工程上加以考虑，产品的造型与人机工程无疑是结合在一起的。仅从工业设计的范畴来看，大至宇航系统、城市规划、建筑设施、自动化工厂、机械设备、交通工具，小至家具、服装、文具、宠物用品、家居用品等，在设计制造时都需要把人机因素作为一个重要的条件来考虑。

人机工程学是一门新兴的边缘科学，它起源于欧洲，形成和发展于美国。人机工程学在欧洲称为 Ergonomics，含义为"人出力的规律"或"人工作的规律"，旨在研究人在生产或操作过程中合理地、适度地劳动和用力的规律问题；人机工程学在美国称为"Human Engineering"（人类工程学）或"Human Factor Engineering"（人因工程学）；在我国，现在大部分称其为"人机工程学"，简称"人机学"。

国际人类工效学学会（International Ergonomics Association, I.E.A）为人机工程学所下的定义如下：人机工程学是研究人在某种工作环境中的解剖学、生理学和心理学等方面的因素；研究人和机器及环境的相互作用；研究在工作中、家庭生活中和休假时怎样统一考虑工作效率、人的健康、安全和舒适等问题的学科。

7.1.2 人机工程学的研究内容与方法

人机工程学的研究内容包括如下：在认真研究人、机、环境三个要素本身特性的基础上，不着眼于个别要素的优良与否，而是将使用"物"的人和所设计的"物"及人与"物"所共处的环境作为一个系统来研究。在人机工程学中，这个系统称为"人—机—环境"系统。在这个系统中，人、机、环境三个要素之间相互作用、相互依存的关系决定着系统总体的性能。人机工程学就是科学地利用三个要素间的有机联系来寻求系统的最佳参数。

系统设计的一般方法，通常是在明确系统总体要求的前提下，着重分析和研究人、机、环境三个要素对系统总体性能的影响，如系统中人和机的职能如何分工、如何配合，环境如何适应人，机对环境又有何影响等问题，经过不断修正和完善三要素的结构方式，最终确保系统最优组合方案的实现。人机工程学为工业设计开拓了新的思路，并提供了独特的设计方法和有关理论依据。

1. 人机工程学中"人"的因素

人的因素包括以下几点：

1）人的测量尺寸。人体测量的尺寸包括静态和动态尺寸，静态尺寸是指人体的构造尺寸，动态尺寸是指人体的功能尺寸，包括人在运动时的动作范围、体形变化、人体质量分布等。

2）人体的力学指标。包括人的用力大小、方向、操作速度、操作频率，动作的准确性和耐力大小等。需要根据人的力学能力来设计机器和工具。

3）人的感知能力。包括视觉、听觉、嗅觉、触觉和其他感觉。

4）人的信息传递与处理能力。主要包括人对信息的接受、存储、记忆、传递和输出表达等方面的能力。

5）人的操作心理状态。主要包括人在操作机器过程中的心理反应能力和适应能力，以及在各种情况下可能引起失误的心理因素。

人的生理特征、人体的形态特性、人在劳动中的心理特征等均是工业设计师在设计中必须考虑的基本要素。研究的目的是使"物"（包括机械设备、工具以及其他用具、用品）和环境的设计与人的生理、心理特征相适合，从而为使用者创造安全、舒适、健康、高效的工作界面和工作条件。

图 7-1 所示为德国 Achilles Knife 无缝厨房刀具，它由一块完整的不锈钢制成，刀片和手柄是一体的，整个刀是完全无缝的，刀身薄而锋利，在手柄附近逐渐变粗，刀柄设计了手指凹槽更符合人体工学的抓握，并且在刀柄上设置了一个孔，既能减少刀的总重量，又可以让手指插入其中，可以牢牢抓住刀片并轻松控制它，即使手湿时也能很好地抓握用力。

人机工程学是让技术更加人性化的科学，人的因素也着眼于更具普遍意义、延伸到特殊人群的特性和需求的研究上，这是更广泛意义上的人文关怀，体现出一种更加人性化的发展趋势。除了一般大众的普通日常生活用品之外，专为特殊人群设计的产品在人机工程学上需要更多的考虑。人性化的设计真正体现出对人的尊重和关心，符合人机工程的人性化设计是最实在，也是最前沿的潮流与趋势，是一种人文精神的体现，是人与产品完美和谐的结合。

图 7-2 所示为新加坡国立大学的学生 Lim Loren 设计的可单手

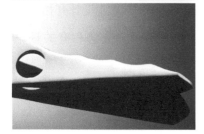

图 7-1　Achilles Knife 无缝厨房刀具

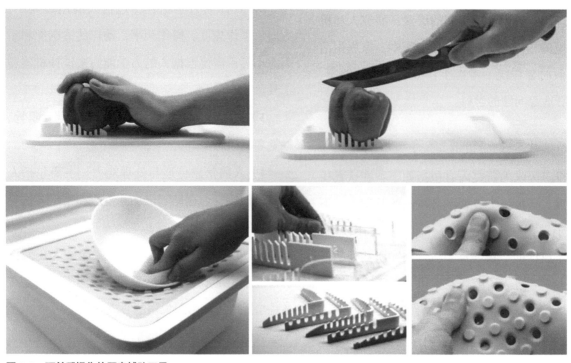

图 7-2　可单手操作的厨房辅助工具

图 7-3　Kinesis Advantage KB500USB-
BLK 键盘

操作的厨房辅助工具，可以让人单手完成切菜、刷碗和整理垃圾的任务，非常适合单手残障人士使用。这个辅助工具在切菜时能帮助"抓住"食材，刷碗时可以帮助固定并旋转碗边，使用一只手也可以轻松独立完成厨房的杂事。

2. 人机工程学中"机"的因素

从广义的角度，可以将"机的因素"广泛地理解为产品的因素，它包括：

1）操控系统。它主要指机器上能够接受人所发出的各种指令的装置，人可以通过操控系统将自己的意图传达到机器的功能部分以完成对机器的控制。这些装置既包括常见的用手控制的操纵杆、方向盘、键盘、鼠标、按钮、按键等，用脚控制的踏板、踏钮等，也包括先进的眼睛控制系统和语音控制系统，如计算机的语音文字输入、手机的语音拨号、照相机的眼控自动对焦系统等。

Kinesis Advantage KB500USB-BLK 是专为计算机工程师设计的，是一款符合人体工程学设计的键盘（见图 7-3），它从中间分开在中间部分向下倾斜，这样手放在键盘上操作的时候就自然形成一种下垂的姿势，长期使用的话对手腕的伤害要比传统的键盘小很多。从设计上看，腕型的设计更高效地利用了拇指，可以通过改变修改键位，在 Mac 和 Windows 系统中切换。键盘使用两个 USB 接口供电。它的体积也比别的人体工程学键盘要小巧一点。

2）信息显示系统。它负责向人传达机器的工作状态，在机器接受人的控制指令之后做出信息反馈的装置。这类装置主要包括各种仪表盘、信号灯、显示器等。

来自澳大利亚工作室 Büro North 的智能地面信号灯（见图 7-4），将红绿灯装在地面上，给喜欢看手机不看信号灯的"低头一族"提供便利，同时配备各种动画效果来吸引人们的注意。

3）人机界面。在人机系统中，存在一个人与机互相作用的"面"，所有的人机信息交流都发生在这个面上，通常称为人机界面。人通过屏幕、按钮、按键、操纵杆等对机器进行操作，对人来说是信息输出，而对机器来说是信息输入。机器接受人的操作，将运行结果通过仪表、信号灯或音响及声音装置等显示给人，这样对机器来说是信息输出，对人又是信息输入。人机界面是显示系统与控制

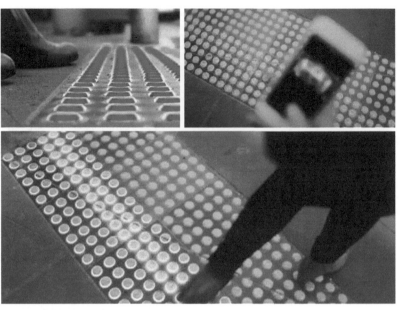

图 7-4　智能地面信号灯

系统的结合体，它使显示系统与控制系统保持一定的对应关系，也使两者能够保持及时的联系和对话，极大地方便了人的操作。

对于一件产品，如何来评价它在人机工程学方面是否符合规范？以德国 Sturlgart 设计中心为例，在评选每年的优良产品时，评价人机工程性能的标准包括：

①产品的尺寸、形状是否与人体配合；

②产品是否顺手和方便使用；

③是否能防止使用者操作时的意外伤害和错用时产生的危险；

④各操作单元是否实用，各元件在安置上能否准确地被辨认；

⑤产品是否便于清洗、保养及修理。

赫曼米勒 SAYL Chair 2010（见图 7-5）出自设计大师 Yves Béhar 之手，设计灵感来自"金门大桥"，将悬索桥的工程原则应用于一张椅子上，使用悬索桥的原理支撑一个无框的椅背。之所以这么设计，据说是为了让弹性材料能给予需要承托的部位以最大的张力，而需最大幅度运动的部位，则提供最少的张力，简言之就是在就座时，无论是什么样的坐姿或者体型、身高，都可以自由伸展和活动，而座椅都能在承托与自由之间，达到一个健康的平衡点；与此同时，悬式靠背的弹性索粗细、张力不一，沿脊椎的转换区可提供较大的承托，而在其他部位承托力度则相对减轻，以此达到健

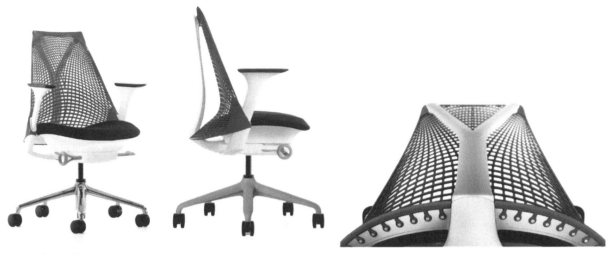

图 7-5　赫曼米勒 SAYL Chair 2010

康又舒服的久坐体验。

3. 人机工程学中"环境"的因素

环境因素也是人机系统中的重要因素，合适的环境能够提高人的工作效率和工作能力，使人保持身体健康，并能提高机器的性能和可靠性，延长机器使用寿命。环境对人机系统的影响表现在很多方面，主要有：照明、温度、湿度、噪声、振动、辐射、磁力、重力、气候、色彩、布局、空间大小等。

4. 人机工程学的研究方法

由于学科来源的多样性和应用的广泛性，人机工程学中采用的各种研究方法种类很多，有些是从人体测量学、工程心理学等学科中沿用下来的，有些是从其他有关学科借鉴过来的，更多的是从应用的目标出发创造出来的。其中常用于一般产品设计领域的方法有以下几类：

1）测量方法。测量方法是人机工程学中研究人形体特征的主要方法，它包括尺度测量、动态测量、力量测量、体积测量、肌肉疲劳测量和其他生理变化的测量等几个方面。目前世界各国已认识到建立人体数据库的重要性，并相继展开这一方面的研究。非接触式三维人体测量技术可以快速、精确地获取人体的体型信息，并普及到与人体相关的各类产品的设计与研究中。Vitus Smart XXL 三维人体扫描仪如图 7-6 所示。

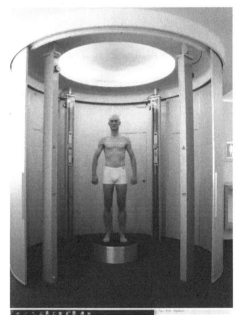

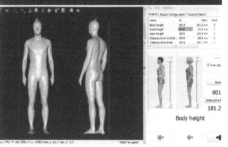

图 7-6　Vitus Smart XXL 三维人体扫描仪

2）观察法。观察法是指调查者在一定理论指导下，根据一定的目的，用人的感觉器官或借助一定的观察仪器和观察技术（计时器、录像机等）观察、测定和记录自然情境下发生的现象的一种方法。

3）作业姿势的记录与评估。对于身体部位确切位置的细节描述并进行记录，这个过程非常便利，可由一人集中专注于独特、重要的身体部分并记录它们的位置，通过对作业姿势的有效观察与记录，可以发现不合理的作业姿势，从而找到设计上的合理解决办法。

4）模型工作方法。这是设计师必不可少的工作方法。设计师可通过模型构思方案，规划尺度，检查效果，发现问题，有效地提高设计成功率。逆向工程、虚拟设计等现代设计技术的应用，使模型工作法在人机工程设计中的作用更加凸显。

5）调查方法。人机工程学中许多感觉和心理指标很难用测量的办法获得，因此，设计师常以调查的方法获得这方面的信息，如收集分析人格特征、消费心理、性格偏好、活动时间分配、家庭空间运用等，并建立起相应的资料库。

6）感觉评价法。感觉评价法是运用人的主观感受对系统的质量、性质等进行评价和判定的一种方法，即人对事物客观量做出的主观感觉度量。

此外，人机工程学的研究方法还包括试验法、心理测验法、系统分析评价法等，在实际研究过程中需要根据实际项目情况选择合适的方法进行研究。

7.1.3 人机工程学与工业设计

工业设计广泛应用了人机工程学中有关人、机与环境方面的研究成果，人机工程学也使工业设计中人与物之间的关系有了真实的科学依据，因此人机工程学在工业设计中占有极为重要的地位。

人机工程学为产品设计全面考虑"人的因素"提供了人体结构尺度、人体生理尺度和人的心理尺度等数据，这些数据可有效地运用到产品设计中去。

人机工程学为产品设计中"产品"的功能合理性提供科学依据，产品必须考虑人机需求，使各种功能的使用达到最优化，与人的生心理相协调。

人机工程学为产品设计考虑"环境因素"提供设计准则。通过研究人体对环境中各种物理因素的反应和适应能力，分析环境因素对人体的生理、心理以及工作效率的影响程度，确定了人在生产和生活中所处的各种环境的舒适范围和安全限度。

人机工程因素是提升产品的附加值的有效手段之一，因此抓住并使用人机工程学的研究成果，对于产品设计来说至关重要。

7.2 设计心理学

人们对于产品的需求除了满足基本的功能属性外，还需要满足更深层次的心理需求，这是现代生活观念发展带来的需求提升，这就需要设计心理学的理论支持。设计心理学作为设计学科的一门工具学科，帮助人们用心理学原理解读设计中的现象，达到改善设计和辅助设计的开展，提高设计者创造力，满足消费者心理需求的目的。

7.2.1　设计心理学概述

心理学是一门科学，其研究对象是人的心理现象及其活动规律。它涵盖了人的认知、情绪、意志、个性等多方面的内容。在这个领域中，人的心理和行为被看作是统一且不可分割的整体。

设计心理学作为心理学的一个分支，专注于研究人们在设计过程中的心理活动和行为特点。它关注用户在不同环境下对产品的认知、情感和行为反应，包括用户认知过程、用户体验、人机交互、注意力、情感因素和文化差异等，确保用户能够轻松而愉悦地使用产品，避免设计中的混淆和不必要的复杂性，激发用户的积极情感，并确保设计具有跨文化的普适性。

设计心理学可以帮助设计者更好地理解用户需求，以优化用户在使用产品时的整体体验感和满意度，在整个设计过程中发挥着关键作用，从理论和实践两方面提供支持，为创造出更令人满意、贴近用户需求的设计提供了深刻的见解。

7.2.2　消费者心理

设计的目的在于满足人自身的生理和心理需求，"需求"是人类设计的原动力。美国社会心理学家、行为学家亚伯拉罕·马斯洛（Abraham Harold Maslow，1908—1970）提出了人的需求层次理论：即生理需求、安全需求、社会需求、尊重需求和自我实现需求（见图 7-7）。马斯洛认为上述需求的五个层次是逐级上升的，当下

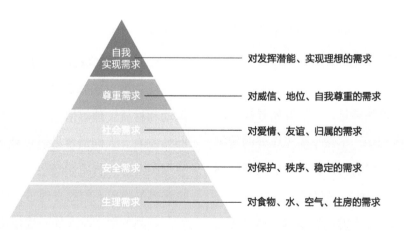

图 7-7　马斯洛的人的需求层次理论

级的需求获得相对满足以后，上一级需求才会产生，然后得到满足。根据马斯洛的理论，处在不同层次的人的需求是不同的，因而对于产品的需求必然存在着差异化。

1. 生理需求

对食物、水、空气、住房和穿着等基本生活条件的需求，是人生存首先要满足的基本要求，这个层次的消费者只要求产品具有一般功能即可。

2. 安全需求

吃饱穿暖之后，人们最关心自己的人身安全、生活稳定、身体健康，处在安全需求层次的消费者关注产品对身体的影响，安全稳定的产品质量和及时可靠的售后服务将满足人们对产品安全性的心理渴望。

3. 社会需求

这一层次是对友谊、爱情以及归属感的需求。这个层次的消费者关注社交需求，关注产品是否有助于提高社交形象。

4. 尊重需求

尊重需求包括自我的成就感、价值感以及他人对自己的认可与尊重，渴望被尊重是人类不可或缺的精神需求之一，这个层次的消费者关注产品的象征意义，间接影响到了人们对于产品交互以及售后服务等方面的评价。

5. 自我实现需求

随着前四种需求的满足，人们开始寻找生活的乐趣和学习更多知识，尽量享受工作外的精神生活。这个层次的消费者对产品有自己判断的标准，通常拥有自己喜好的产品风格。

从消费层次来看，人的消费需求大体分为三个层次，第一层次主要解决衣食等基本问题，满足人的生存需求；第二层次是追求共性，即流行、模仿，满足安全和社会需要；第三层次是追求个性，要求小批量、多品种和差异化。前两个层次主要消费的是大批量生产的生活必需品和实用商品，第三个层次则要求诸如品味、精神等附加价值的商品。

投射到产品设计领域，消费者对产品的需要按属性可分为对产品使用功能的需要、对产品审美的需要、对产品时代性的需要、对产品社会象征性的需要、对产品情感功能的需要以及对产品个性化的需要。

7.2.3 影响产品设计的心理学因素

人们购买产品，更注重产品所带来的潮流品味以及身份的象征，不同国家、不同地域、不同年龄层次的人有着不同的消费心理特征，对色彩和形态有不同的偏好，对产品的设计信息有着不同的解读。设计心理学必须了解消费者心理和研究消费者的行为规律，才能做出满足人们需求的设计。

人们对产品的感知是听觉、触觉、嗅觉、味觉、视觉五种感官功能共同作用的结果，总体而言，影响产品设计的心理因素具体可分为视觉因素、认知因素及情感化因素。

1. 以视觉为核心的设计

视觉可以感知到产品的尺寸、距离、颜色、运动和材质纹理等信息，通过视觉获得的信息占85%左右。人们最容易通过视觉感知到产品外观造型的形态、材质和颜色三个因素，这三个因素也最容易唤起人们的心理感受和审美体验。

产品的形态对人的心理作用可以归纳为三种：动感、力度、体量。动感是指产品形态所产生的

图 7-8　兰博基尼概念车 Terzo Millennio

运动的倾向，形体偏离平衡位置、富有流动性的曲线、曲面都会使人们心里感受到"动"的感觉。不同的产品对动感有不同的要求，例如，汽车、快艇等需要通过造型体现它的速度与运动感如兰博基尼概念车 Terzo Millennio（见图 7-8）。而其他一些产品如大型设备、家具、家电等则应该运用造型减少运动感，让使用者有稳定、安全的感觉如大型机械设备（见图 7-9）。

物体的动感、尺度的变化、颜色的变化都会有力的感觉，如一根弯曲的弧线会让人们联想起弹力，从大变小的空间给人们以压力等。例如，Milano 薄木片桌灯（见图 7-10）取材于大自然中的各种生物形状，如叶子、花朵、水滴等，并选用轻薄易弯的白蜡木板，可弯曲成各种想要的形状。厚重的底座向上延伸后逐渐削薄，弯曲成令人无法想象的弧度，仿佛绕了一个大圈又回到

图 7-9　大型机械设备

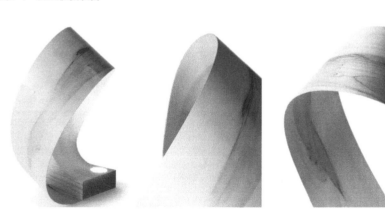

图 7-10　Milano 薄木片桌灯

原点，整体造型充满了张力与弹性。

人们对物的心理认知，还包括量感，即使体量相同的物体，由于色彩的不同也会给人不同的重量和体量感。例如，同样的产品，人们会觉得黑色产品比白色产品重量大而体积小。

材质可以形成人的视觉和触觉感受，同样造型的产品采用不同的材质也会给人不同的心理感受，如图7-11所示，不同材质的灯具会给人不同的心理感受：水泥材质的灯具给人厚重粗糙的粗犷之美；玻璃材质的灯具给人透亮洁净的轻盈之美；木头材质的灯具给人质朴柔和的自然之美；金属材质的灯具给人闪耀奢华的精致之美。

色彩能够唤起人们的感情，寄托人们的理想，具有重要的心理功能。有统计表明，人们在购买一件产品时，色彩对购买决定的影响为57%，色彩的心理功能是由生理反应引起思维后才形成的，主要是通过联想和想象。色彩心理往往受到年龄、经历、性格、情绪等多种因素的制约。

2. 以语义为核心的设计

不同的产品要素及其不同的组合形式能够给人们形成不同的心理暗示，设计优良的产品能够给人们提供操作上的线索，提示使用的目的、操作方式、操作过程，并能使人们及时获得操作的反馈信息，简而言之，就是看到一款产品会容易理解该产品的操作且容易上手；而设计拙劣的产品使用起来很困难，让人陷入困惑沮丧的境地而不得不知难而退，因为它们不具备足够提醒操作的线索，甚至给人们提供了一些错误的线索，妨碍了正常的解释和理解过程，让

图7-11　不同材质的灯具（从左到右依次为：水泥、玻璃、金属、木头）

图 7-12　雅克·卡洛曼专为"受虐狂"设计的咖啡壶

图 7-13　"OCD"电灯开关（红点概念奖）

人陷入无法理解和错误操作的烦恼，如雅克·卡洛曼专为"受虐狂"设计的咖啡壶（见图 7-12）。这一切都取决于产品的语义学有没有被正确传达。

产品的外部形态实际上就是一系列视觉符号的传达，产品形态设计的实质也就是对各型符号进行编码，综合产品的形态、色彩、肌理等视觉要素，表达产品的实际功能，说明产品的特征。图 7-13 所示为泰国设计师 Pakaporn Teadtulkitikul 设计的"OCD"电灯开关，将开关的结构人为地设计为有序和无序两种状态，暗示用户有序状态下为关闭，无序状态下为开启，通过这种对有序的心理追求来促使人们经常关灯，达到节能的目的。

为了让产品更易于为人们认知和使用，在进行产品设计时，可以从以下几个方面进行考虑：

1）记忆性：产品造型让人感到亲切。图 7-14 所示为无印良品的小石子粉笔，石头造型的粉笔犹如小时候常用的小石头，在地上涂鸦玩耍，这款产品希望让用户回忆起童年涂鸦时的这份愉快感和安心感，并让这种感觉一直延续下去。

2）操作性：产品在形式语义上表达清晰、易理解和操作。图 7-15 所示为广州美术学院的设计作品——"衡"系列台灯，当将下方的小球拿起，与凭空悬垂的小球隔空相吸，灯就被点亮。

3）仪式性：产品造型暗示其文化内涵与象征意义。图 7-16 所示为一款"渐隐的时间"手表，这款手表用简约的设计来显示时间，原来存在的时针被从白至黑的渐变色所取代，随着时光的流逝，被隐藏的时刻会慢慢显示，以此暗示着"未来尚不可知，历史已有定论"的哲学思想。

图 7-14　小石子粉笔

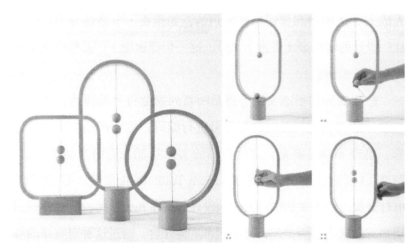

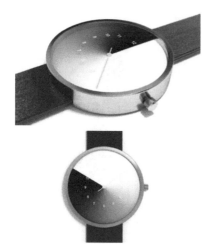

图 7-15 "衡"系列台灯

图 7-16 "渐隐的时间"手表

3. 情感化设计

情感化设计（Emotional Design）一词由唐纳德·A·诺曼（Donald Arthur Norman，1935—）在其同名著作中提出，唐纳德是美国认知心理学家、计算机工程师、工业设计家。他指出，一件产品的成功与否，设计的情感因素也许比实用要素更为关键。真正的设计是要打动人的，它要能传递感情、勾起回忆、给人惊喜。产品是生活的情感与记忆，只有在产品和用户之间建立起情感的纽带，才能让产品给人们的生活赋予意义。

图 7-17 所示为日本大阪一家建筑模型公司 Triad Inc 的创意，这套 Omoshiroi Block 便笺纸，每扯下一张，都会剩下预先设计好的一角来，而所有的这些剩下的形状，堆叠出来就变成了一个建筑模型，原本平淡无奇的便笺纸，经过撕扯使用后，逐步展现出美丽惊喜的内涵，带来探索与发现的乐趣。

图 7-17 Omoshiroi Block 便笺纸

7.2.4　设计心理学的研究方法

设计心理学的研究方法很多，主要包括观察法、调查法、个案研究法与实验法 4 种研究方法。

1. 观察法

观察法是在自然条件下，有目的、有计划地直接观察研究对象的言语表现，从而分析其心理活动和行为规律的方法。观察是心理学的基本方法之一，是科学研究最一般的实践方法。

2．调查法

调查法是以被调查者所了解或关心的问题为范围，预先拟定问题，让被调查者自由表达其态度或意见的一种方法。调查法一般采用问卷和访谈两种形式。

3．个案研究法

个案研究法是收集测试对象的资料以分析其心理特征的方法。收集的资料通常包括个人的背景资料、生活史、家庭关系、生活环境、人际关系以及心理特征等。

4．实验法

实验法可分为现场实验和实验室实验。现场实验是在实际生活情境中对实验条件作适当控制所进行的实验；实验室实验是在严密控制实验条件下，借助一定仪器进行的实验。

7.3　设计与环境

人类的生存与发展离不开环境，人类在环境中生存，同时也在不断地适应环境、改造环境。

所谓环境，就是人们所感受到的、体验到的周围的一切，它包含与人类密切相关的影响人类生存和发展的各种自然和人为因素。人类的生存环境包括物质环境和社会环境。物质环境包括自然环境和人工环境，如图 7-18 所示。

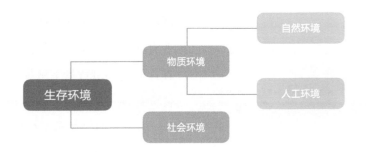

图 7-18　生存环境

7.3.1 环境问题

环境问题是指由于人类活动作用于周围环境所引起的环境变化以及这种变化对人类的生产、生活造成的影响。

环境问题可分为两大类：一类是自然演变和自然灾害引起的原生环境问题，如地震、风暴、海啸、泥石流、火山活动；另一类是人为因素造成的环境污染和自然资源与生态环境的破坏，如乱砍滥伐引起的森林植被的破坏、工业生产造成大气、水环境恶化等。

目前已被人类认识到的环境问题主要有：全球变暖（温室效应）、臭氧层破坏、酸雨、垃圾成灾、淡水资源危机、能源短缺、森林资源锐减、土地荒漠化、物种加速灭绝、有毒化学品污染等，其中全球变暖、臭氧层破坏和酸雨被称为当今世界三大环境问题，日益严重的环境问题直接威胁着生态环境和人们的生活。

7.3.2 环境意识

环境意识是指正确认识和把握人在自然界中所处的位置，建立"人—社会—环境"之间的协调关系，从而实现"可持续性发展"的人类社会发展目标。例如，我国古代"天人合一"的观念就体现了古代哲学家所追求的人与自然关系的理想境界，崇尚自然、珍视自然是我国传统的设计思想的基本原则。人们意识到只有人与环境相协调统一，社会才能得到永恒地发展，生活才能得到更好的保障。

7.3.3 设计中的环境对策

科技的发展为人们创造了舒适、方便、快捷的生活方式和生活环境，但是也加速了对自然资源、能源的消耗和对环境的污染，工业设计在新时代的使命和定位需要重新思考。可持续设计策略就是在这样的环境背景下被提出，即将商业效益和环境保护统一起来，使产品便于销售，又满足环保要求，用生态哲学思想指导设计行为，既实现社会价值又保护自然价值，促进人与自然的和谐共生。

图 7-19 所示为干草鸡蛋盒，它是通过收割、除尘、干燥、切割和排列，与胶黏剂混合，最后压制、成型和干燥的过程而形成的，使用经过彻底干燥和加工的草，可以创造出提供强大保护的

图 7-19　干草鸡蛋盒（红点奖）

包装力量。采用"草成型"技术生产的产品可生物降解、环保、无污染，还可以用于装饰、展览等，代表了日常产品生产中材料创新的可能性。

同时，工业设计中的绿色设计概念被广泛提出并运用，绿色设计指在产品整个生命周期内，着重考虑产品环境属性，即可拆卸性、可回收性、可维护性、可重复利用性等，并将其作为设计目标，在满足环境目标要求的同时，保证产品应有的功能、使用寿命、质量等要求。绿色设计的核心是"3R"，即 Reduce—精简，Recycle—回收再生，Reuse—重复利用，旨在不仅要减少物质和能源的消耗，减少有害物质的排放，而且要使产品及其部件能够方便地分类回收并再生循环或重新利用。

绿色设计与材料有关的准则包括：①少用短

缺或稀有的原材料；②尽量减少产品中的材料种类；③尽量不用有毒有害的原材料；④优先采用可再利用或再循环的材料；⑤优先采用可降解或易降解的材料。

绿色设计与产品造型有关的准则包括：①不应过分追求无意义的烦琐装饰；②赋予产品合理的使用寿命；③尽可能简化或者再利用产品包装。

来自荷兰的 The New Raw 工作室与可口可乐希腊公司合作，在希腊的塞萨洛尼基，建立了全球首个"零浪费实验室"（Zero Waste Lab），里面有各种先进的 3D 打印设备，可以将当地市民主动回收的塑料垃圾制造成需要的家具，参与计划的市民还可以根据需要来选择形态与用途，可以将这些回收塑料家具摆在家中自用，也可以捐出来变成公共用品（见图 7-20）。

图 7-20　回收塑料打印的家具

设计师 Horacio M. Pace Bedetti 等人设计的纸制注射器（见图 7-21），聚焦医疗垃圾的增多与难以回收的迫切问题。因一次性医疗用品不能随意丢弃、甚至不能回收，大部分时候都只能采用特殊填埋的方法。为了让消耗变得更没有心理负担，这款概念设计除了针管存液部分用了少量的塑料之外，其余的推管装置全部是纸制，可大大减少塑料的使用，缓解每天无法计数的医疗垃圾对于环境的压力。

固特异公司的概念设计 Oxygene 轮胎（见图 7-22）拥有独特的构造，最大亮点是生长在轮胎壁内的活苔藓。别具匠心的胎面设计结合这一开放结构，使得轮胎能够从路面吸收并循环水分，从而令苔藓产生光合作用，将氧气释放到空气中。例如，在规模与巴黎相当且拥有大约 250 万辆汽车的城市，若使用 Oxygene 轮胎，每年会产生将近 3000t 氧气，并吸收超过 4000t 二氧化碳，助力净化空气，减少空气污染。

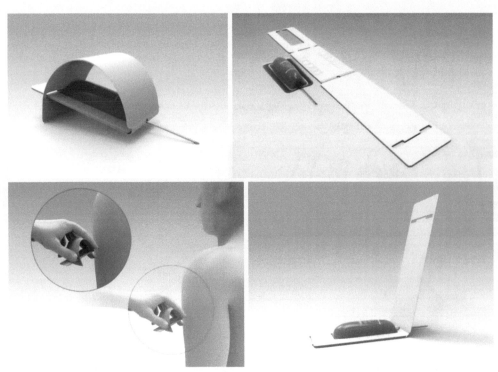

图 7-21　纸制注射器

图 7-22 Oxygene 轮胎

设计师们使用软化和自然干燥的马铃薯皮，黏结并硬化成所需的锥形，设计制作了一种全新的食品包装，100% 生物降解，可重新引入生物循环，成为动物食品或作物肥料，非常绿色环保（见图 7-23）。

总体而言，在产品设计过程中，工业设计需要运用设计及科技的力量，尽可能以最小的资源代价获取最大的使用价值，并在产品研发与回收的全流程周期中把污染的产生率降到最低，这样有助于生态的和谐发展，让人与环境共同谱写和谐绿色的生态未来。

图 7-23 马铃薯包装

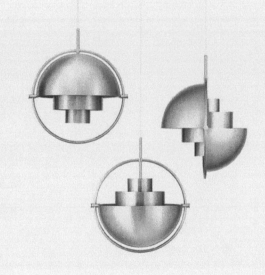

第 2 篇
综合应用
设计实例

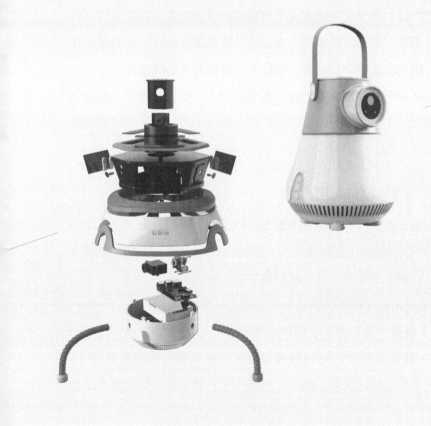

第8章 ▶▶

设备工具类产品设计实例

8.1 项目概况

8.1.1 项目内容

本项目是浙江省大学生工业设计竞赛一等奖获奖项目，涉及《产品设计程序与方法》"产品外观及结构设计"等工业设计专业核心课的内容：根据项目要求完成市场调研分析及客户需求分析、选择设计方向、制定产品整体方案、用计算机辅助设计产品的造型和结构、研究和选择设计材料、制作手工样板或产品模型等。

请在分析目前市面上已有产品的基础上，设计并制作一款适合城市非机动车道、人行道、公共广场、生活小区道路等区域的新概念扫地自行车。

8.1.2 设计价值与目的

项目设计价值与目的具体如下：

1）将产品设计方案细化为产品结构设计方案，实现产品初步功能，并能完成装配；具备材料加工工艺知识。

2）灵活运用机构创新设计方法，进行产品创新设计。

3）根据产品功能要求选择恰当的执行机构，并进行初步设计。

4）具备主要设计材料的成型加工工艺知识，能够掌握设计、材料、工艺之间的关系，能将材料加工工艺要求灵活运用到产品设计中。

5）设计与工艺相结合，从装配与制造的角度进行产品设计。

6）将仿真驱动的产品优化设计方法灵活运用到结构设计中。

7）具备良好的职业道德和社会责任感，能够在设计过程中展现精益求精的工匠精神，积极探索美好城市环境建设的有效解决方案。

8.1.3　设计重点与难点

重点：分析产品使用环境影响因素和用户的身心需求，梳理需求与问题，提出明确的设计方向；根据用户需求进行产品造型和合理的结构设计；整体设计能充分呼应产品的使用环境和用户需求。

难点：对产品实现相关技术原理进行分析，确定产品的合理化技术实现路径；结合功能模块进行结构设计，完成样机制作并进行功能验证。

8.1.4　项目的社会背景

设计主题：关爱基层劳动者，设计定位是通过产品创新设计来减轻环卫工人繁重的工作和改

善工作效率低的现状。在这个思路中做出更人性化的产品。

产品特点：方便，节省劳动力，减轻劳动负担，绿色环保，便捷，操作简单容易上手，安全可靠。

8.2　设计展开

"新概念扫地自行车"项目设计流程如图 8-1 所示。

8.2.1　产品背景调研

1. 产品使用场景调研

环卫工人作为城市的美容师，每天和垃圾打交道，清扫的工作负荷非常大。目前清扫城市道路的方式主要有两种：一种是采用最原始的人工清扫方式。环卫工人用簸箕和扫把步行清扫，其负责的区域往往比较大，清扫工作负荷大，效率又低。还有一种是采用专业的清扫机车方式。

现在使用的清扫机车是按照机动车设计的，

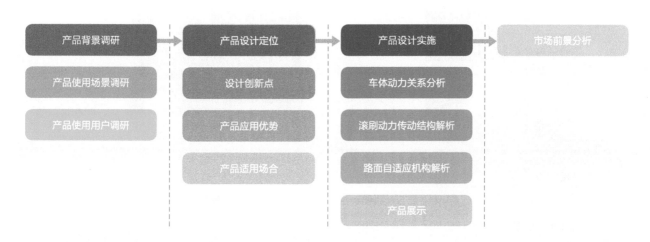

图 8-1　"新概念扫地自行车"项目设计流程

体积大，主要用于清扫城市机动车道、高速公路的路面。但现有的城市道路复杂，有非机动车道、人行道、公共广场、生活小区道路等，这些地方人流量大，道路狭小，垃圾分布状态复杂，因此那些大型清扫机车不能完成这些地方的清扫。

为此，在分析目前市面上已有产品的基础上，设计并制作一款适合城市非机动车道、人行道、公共广场、生活小区道路等区域的新概念扫地自行车。

2. 产品使用用户调研

通过对环卫工人的交谈，跟随他们一天的工作，了解到环卫工人一天的工作时长较长，每天三班倒，早起晚归，工作量大，每天至少清扫 $6000m^2$ 的街道面积，且清扫路况复杂。他们希望有一款可以减轻繁重工作、提高工作效率、使用操作便捷、可以适应多类型工作环境的清扫工具。

8.2.2 产品设计定位

1. 设计创新点

本作品是采用和自行车巧妙结合的方式，由机械动力代替人力，让车轮的转动带动清扫系统，从而完成清扫路面的工作。这既减轻了工人的劳动强度，又节省了劳动力，使清扫路面这项工作更轻松、更高效。通过清扫工具和自行车结合，环卫工人只要骑着自行车就可以轻松把垃圾扫干净。此设计节能环保，不会造成空气污染。无油耗、无扬尘、安全高效、机动灵活、适应性广，设计创新点如图 8-2 所示。

本设计使用安全、方便，能快速高效地帮助环卫人员完成一天的清扫工作量。可清扫的垃圾包括非机动车道和人行道上的一些常见垃圾，如烟蒂、树枝、树叶、纸屑、小石子、碎土块、塑料袋、饮料瓶等。据实际测算，清扫效率是环卫工人人工清扫效率的 4~5 倍，大大节约了人力资源。

轮胎转动

从而使垃圾进入垃圾箱

通过传动带

通过惯性

带动两排毛刷

只需要一个"踩"的动作，就可以完成地面清扫工作

图 8-2 设计创新点

2. 产品应用优势

此款新型扫地车不仅操作简便，而且效率高，体现了产品设计以人为本的宗旨，推广应用前景广阔。产品应用优势主要有以下几点：

1）适用场合多，如城市非机动车道、人行道、公共广场等。

2）具有"二合一"功能，能将扫地功能与自行车两者融为一体，更加美观，设计更人性化。

3）节省能源，绿色环保，无污染。

4）经济实惠，实用耐用，维修简易。

5）车身平稳，操作简单安全，技术要求不高。只需按平时骑自行车的方法就可以。

3. 产品适用场合

产品适用于城市非机动车道、人行道、公共广场、生活小区以及其他大型清扫机车无法清扫的区域。

8.2.3　产品设计实施

具体设计构想：这是一款节能、安全、高效的新概念扫地车，它由两部分组成。前半部分是清扫系统，后半部分是自行车动力系统。前半部分的清扫系统由主动轮、前滚筒刷、后滚筒刷、收集箱以及平滚刷组成。

环卫工人骑踩新概念扫地自行车，让车轮转动带动清扫系统，从而完成清扫路面收集垃圾的工作。这样相当于环卫工人只要骑着自行车就可以轻松把地面扫干净。解决了环卫工人清扫工作量大、效率低和大型清扫机车无法进入狭窄道路清扫的问题。本作品的清扫原理是主动轮和前滚筒刷用传动带连接，前后滚筒刷也用传动带连接，当自行车运行的时候，主动轮做逆时针方向运动，带动前滚筒刷做逆时针方向运动，前滚筒刷通过传动带带动后滚筒刷做顺时针方向运动，将垃圾扫入收集箱。

1. 车体动力关系分析

自行车与清扫系统的传动关系及相关尺寸如图 8-3 和图 8-4 所示。

扫地车清扫部分传动关系转速验算公式：

设自行车平均速度为 V（m/min），

前轮转速 $N_1=V/(\pi D_{前})$（r/min），

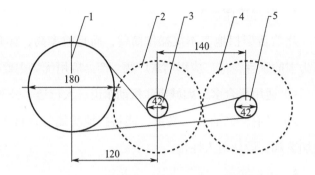

图 8-3 左侧主动轮与滚筒
刷的传动关系

1—主动带轮　　2—后滚筒刷
3—后滚刷带轮　4—前滚筒刷
5—前滚刷带轮

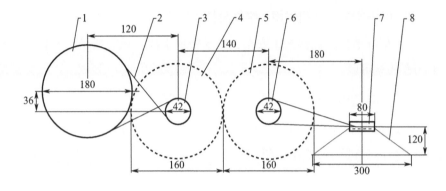

图 8-4 右侧主动轮与滚筒刷
和平滚刷的传动关系

1—主动带轮　　2—传动带
3—后滚刷带轮　4—后滚筒刷
5—前滚筒刷　　6—前滚刷带轮
7—平滚刷带轮　8—平滚刷

主动带轮转速 $N_{主}=N_1$

后滚刷轮转速 $N_{后}=N_{主}D_{主}/D_{后}$

前滚刷轮转速 $N_{前}=N_{后}$

平滚刷轮转速 $N_{平}=N_{前}D_{前}/D_{平}$

2. 滚刷动力传动结构解析

产品工作示意图如图 8-5 所示。

对一些边角难以清扫的地方，在清扫车的右
前侧设计了一个平滚刷，它可将边角处的垃圾扫
到清扫车的前端，平滚刷运行图如图 8-6 所示。

微课 1　平滚刷
运行

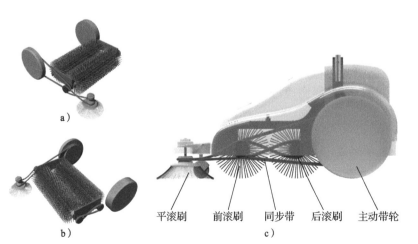

a)

b)

平滚刷　前滚刷　同步带　后滚刷　主动带轮

c)

图 8-5　产品工作示意图

图 8-6　平滚刷运行图

图 8-7　抬升缓冲角度示意图

3. 路面自适应机构解析

针对扫地车在行驶的过程中可能会遇到一些起伏的路面，设计一个 18°的抬升缓冲角度，帮助扫地车更好地前进，抬升缓冲角度示意图如图 8-7 所示。

4. 产品展示

产品效果展示图和成品展示图如图 8-8 和图 8-9 所示，通过扫地自行车展品和成品的展示，学生对工业设计，特别是产品设计与零件构造有了深刻的了解与认识，具备一定的产品功能与构造、零件结构与工艺性的知识与能力，并能够从工程实现的角度灵活运用多种设计手段进行产品创新设计活动。

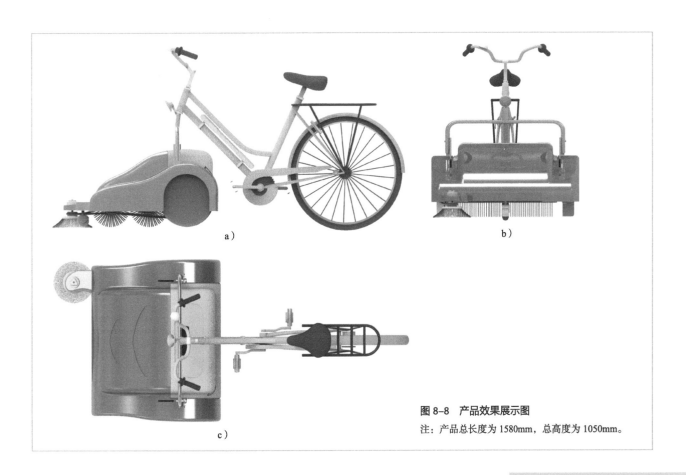

图 8-8　产品效果展示图

注：产品总长度为 1580mm，总高度为 1050mm。

图 8-9　成品展示图

8.2.4　市场前景分析

新概念扫地自行车已经做出实物，使用过程中体现出来的小问题均已进行完善。下一步就是分析市场。

1. 市场前景广阔

该产品专用于各种道路清洁工作，广泛适用于城市非机动车道、人行道、公共广场、生活小区以及其他大型清扫机车无法清扫的区域。这决定了产品本身的市场前景广阔。

2. 市场适应性强

新概念扫地自行车具有操作简单、工作安全可靠和减轻劳动力等优点，可以为环卫工作提供极大的便利性。

8.3　知识拓展

本项目以产品设计工程应用为设计切入点，通过工作任务导向和典型产品构造与零件结构分析、机构分析等工作项目活动，帮助学生了解工业设计专业的学习领域和工作领域中有关机构设计的知识，提高学生产品创新设计能力，为学生未来从事专业方面的实际工作奠定了能力基础。

1. 产品装配设计

课件 11　产品装配设计

产品装配设计是指通过设计使产品具有良好的可装配性，确保装配工序简单、装配效率高、装配质量高。装配优化设计是指通过一系列有利于装配的设计指南（如简化产品设计、减少零件数量、减少零件装配方向等），并同装配工程师合作，简化产品结构，使其便于装配，为提高产品质量、缩短产品开发周期和降低产品成本奠定基础。

2. 产品结构设计

课件 12　产品结构设计

产品结构设计是指产品开发流程中根据产品的功能和相关的工艺、材料特性等进行的产品内部结构的设计。产品设计在兼顾产品外观造型时首先要考虑的是产品功能，而产品实现各项功能则主要取决于优良的结构设计，可以说产品结构设计是产品设计的核心。

在进行产品结构设计之前，需要综合考虑的问题有：所要设计的产品要实现哪些功能？产品在什么情况下和什么环境下使用？产品在使用过程中应该满足什么样的安全规范？产品的用户使用体验如何？产品采用什么样的材料来设计？产品的价格如何？产品是否有防水要求？如果产品由很多小零件组装而成，那么这些小零件是如何配合或连接的？产品零件的结构设计是否易于生产，制造工艺是否可行？产品如何防止跌落时损坏？等等。

塑胶件结构的合理性设计如下。

零件壁厚：在塑胶件的设计中，零件壁厚是首要考虑的参数，零件壁厚决定了零件的力学性能、零件的外观、零件的可注射性以及零件的成本等。可以说，零件壁厚的选择和设计决定了零件设计的成功与失败。

常用塑胶材料合适壁厚范围见表 8-1。

表 8-1　常用塑胶材料合适壁厚范围　　　　　　　　　　　　　　　（单位：mm）

	PE	PP	Nylon	PS	AS	PMMA	PVC	PC	ABS	POM
最小	0.9	0.6	0.6	1.0	1.0	1.5	1.5	1.5	1.5	1.5
最大	4.0	3.5	3.0	4.0	4.0	5.0	5.0	5.0	4.5	5.0

注意：避免零件壁连接处产生尖角。应力集中是塑胶件失效的主要原因之一，应力集中降低了零件的强度，使得零件很容易在冲击载荷和疲劳载荷作用下失效。应力集中大多发生在零件尖角处。塑胶件应当避免尖角的设计，在尖角的地方添加圆角，以减少和避免应力集中的发生。零件尖角容易出现在零件主壁与侧壁连接处、壁与加强筋连接处、壁与支柱连接处等。零件尖角设计如图 8-10 所示。

脱模斜度：塑胶材料从熔融状态转变为固体状态，将产生一定量的尺寸收缩，零件因此而围绕凸模和型芯产生收缩而包紧。为了便于塑胶件从模中顺利脱模，防止脱模时划伤零件表面，与脱模方向平行的零件表面一般应具有合理的脱模斜度。脱模斜度设计如图 8-11 所示。

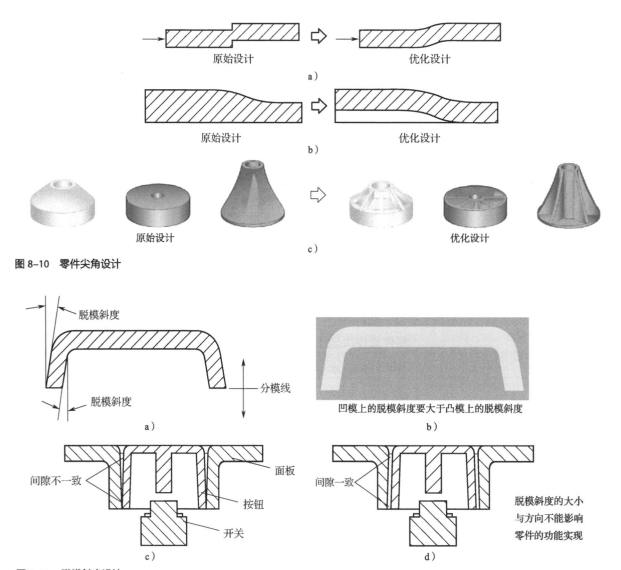

图 8-10　零件尖角设计

图 8-11　脱模斜度设计

加强筋：加强筋是塑胶件设计中必不可少的一个特征，用于提高零件强度、作为流道辅助塑胶熔料的流动，以及在产品中为其他零件提供导向、定位和支撑等功能。加强筋的设计参数包括加强筋的厚度、高度、脱模斜度、根部圆角以及加强筋与加强筋之间的间距等。

加强筋设计如图 8-12 所示，加强筋的两端一般连接到产品的外壁，这样可以提高整个零件的强度。如果只是增加零件某个部位的强度，也可不用连接到外壁，但是加强筋的末端处必须渐渐过渡到底面，这样做的好处是减少注射时出现困气、填充不满、烧焦等不良现象。

加强筋的布置方式如图 8-13 所示。扇形网格分布式主要用于圆形的零件。360° 方向都可得到加强。顶端增加斜角可避免困气。

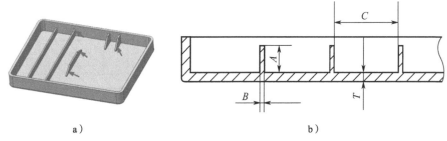

a)   b)

图 8-12 加强筋设计

a）加强筋的尺寸　b）相关参数

T—零件壁厚

A—加强筋的高度 A，一般不要大于 $3T$

B—加强筋的底部厚度 B，一般不要超过零件壁厚的一半，即 $B \leqslant 0.5T$（太厚的加强筋会导致外观面缩水、夹水纹等不良现象，如零件有较高强度要求，宁可多设计几条矮且薄的加强筋，也比设计高且厚的加强筋要好）

C—相邻两个加强筋的距离 C，一般不小于 $3T$（加强筋之间的距离不宜设计得太小，太小的话模具上就会产生薄钢，太多的薄钢会缩短模具寿命）

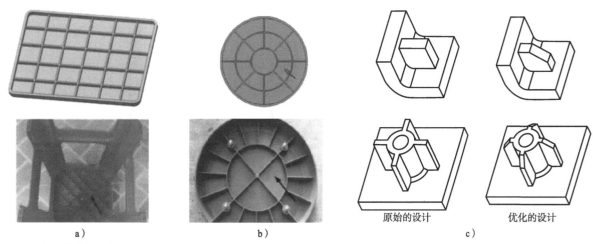

a)   b)   c)

图 8-13 加强筋的布置方式

零件孔的设计：从利于模具加工方面的角度考虑，孔最好做成形状规则简单的圆孔，尽可能不要做成复杂的异形孔，孔径不宜太小，孔深与孔径比不宜太大，因细而长的模具型芯容易断、变形。零件孔的设计如图8-14～图8-16所示。

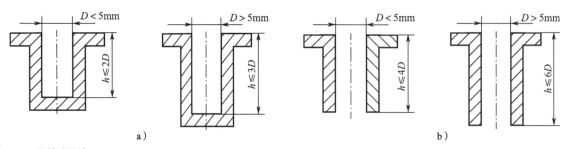

图8-14　零件孔设计1

a）盲孔尺寸　b）通孔尺寸

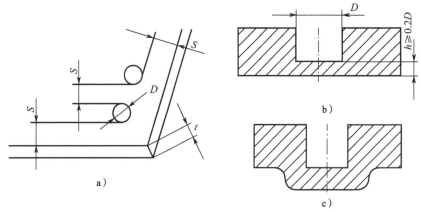

图8-15　零件孔设计2

a）孔与孔之间、孔与零件边缘之间的距离应至少大于孔径或零件壁厚的1.5倍以上，即：$S \geq 1.5t$ 或 $1.5d$，取二者的最大值

b）避免盲孔根部太薄

c）增强孔底部

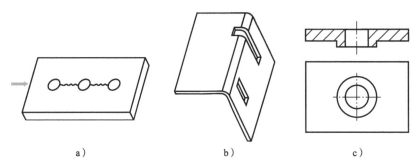

图8-16　零件孔设计3

a）零件上的孔应尽量远离受载荷部位

b）应避免与零件脱模方向垂直的侧孔

c）孔的边缘增加凸缘，可以增加孔的强度

零件支柱的设计：支柱在塑胶件中起到产品中零件之间的导向、定位、支撑和固定等作用。支柱设计如图 8-17 所示。

支柱的尺寸如下：

支柱的外径为内径的 2 倍；

支柱的厚度不超过零件壁厚的 0.6 倍；

支柱的高度不超过零件壁厚的 5 倍；

支柱的根部圆角为零件壁厚的 0.25~0.5 倍；

支柱的根部厚度为零件壁厚的 0.7 倍。

支柱的脱模斜度如下：

内径脱模斜度为 0.25°；

外径的脱模斜度为 0.5°。

零件卡扣的设计：卡扣是塑胶件装配方式中最简单、最快速、成本最低及最环保的结构形式，卡扣装配时无须使用工具，装配过程简单，只需一个简单的插入动作即可完成两个零件的组装。卡扣设计如

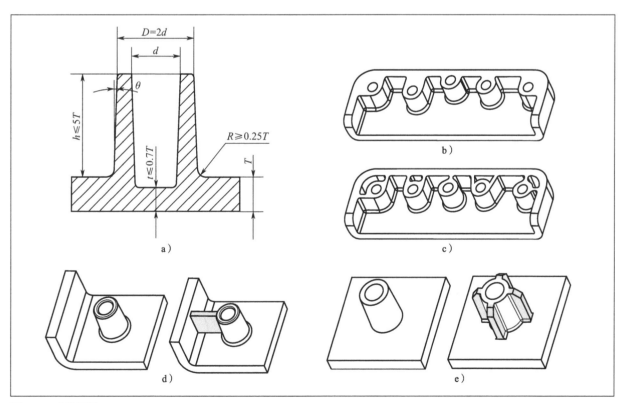

图 8-17　支柱设计

a）支柱的尺寸　b）支柱壁厚均匀　c）原始设计

d）优化设计后：保持支柱与零件壁的连接

e）单独支柱四周增加加强筋

图 8-18 所示。

卡扣的尺寸：

卡扣厚度 $t = (0.5 \sim 0.6) T$；

卡扣的根部圆角 $R = 0.5t$；

卡扣的高度 $H = (5 \sim 10) t$；

卡扣的装配导入角 $\alpha = 25° \sim 35°$；

卡扣的拆卸角度 β：

$\beta \approx 35°$，用于不需外力的可拆卸的装配；

$\beta \approx 45°$，用于需较小外力的可拆卸的装配；

$\beta \approx 80° \sim 90°$，用于需很大外力的不可拆卸的装配；

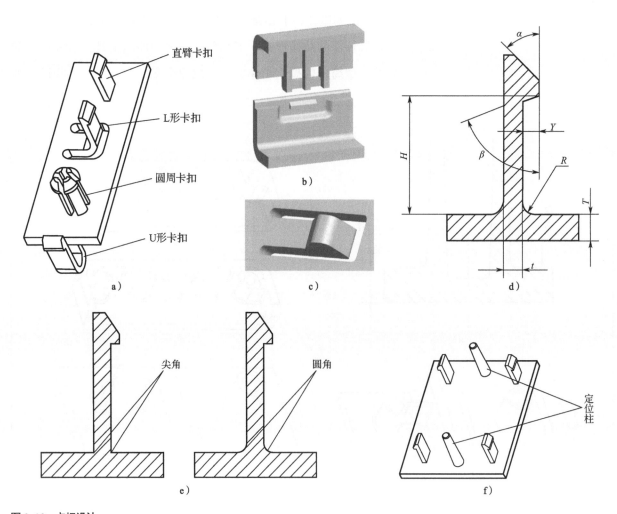

图 8-18　卡扣设计

a）卡扣类型　b）不可拆卸式卡扣　c）可拆卸式卡扣　d）卡扣的尺寸

e）卡扣根部增加圆角　f）使用定位柱辅助卡扣装配和提高装配精度

卡扣的顶端厚度 $Y \le t$；

卡扣均匀设置在零件的四周，以均匀承受载荷靠近零件容易变形的地方。

3．带传动

带传动是一种应用很广泛的机械传动。当主动轴和从动轴相距较远时，常采用这种传动方式。带传动由主动带轮 1、从动带轮 2 和挠性带 3 组成，借助带与带轮之间的摩擦或相互啮合，将主动轮 1 的运动传给从动轮 2，如图 8-19 所示。

根据工作原理不同，带传动可分为摩擦带传动和啮合带传动两类。其中，摩擦带传动是依靠带与带轮之间的摩擦力传递运动的。按带的横截面形状不同可分为 4 种类型，如图 8-20 所示。

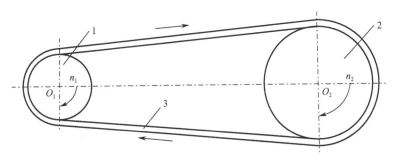

图 8-19　带传动工作原理图

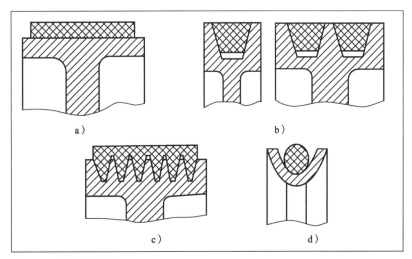

图 8-20　带传动的类型

a）平带传动　b）V 带传动　c）多楔带传动　d）圆带传动

1）平带传动。平带的横截面为扁平矩形，其工作面为内表面（见图8-20a）。常用的平带为橡胶帆布带。平带传动的形式一般有3种：最常用的是两轴平行，转向相同的开口传动（图8-21a）；还有两轴平行，转向相反的交叉传动（图8-21b）和两轴在空间交错90°的半交叉传动（图8-21c）。

2）V带传动。V带的横截面为梯形，其工作面为两侧面。V带传动由一根或数根V带和带轮组成（见图8-20b）。V带与平带相比，由于正压力作用在楔形截面的两侧面上，在同样的张紧力条件下，V带传动的摩擦力约为平带传动的3倍，能传递较大的载荷，故V带传动应用很广泛。

3）多楔带传动。多楔带相当于若干根V带的组合（见图8-20c）。传递功率大，传动平稳，结构紧凑，常用于要求结构紧凑的场合，特别是需要V带根数多的场合。

4）圆带传动。圆带的横截面为圆形，一般用皮革或棉绳制成（见图8-20d）。圆带传动只能传递较小的功率，如缝纫机、真空吸尘器、磁带盘的机械传动等。

8.4 项目小结与综合训练

8.4.1 项目小结

产品设计创新的思想存在于产品的具体结构中，存在于产品的每一个零件和每一个零件装配关系中。在一个产品中，零件的装配关系越简单越好。产品的装配效率越高、装配质量越高，产品成本越低、产品的易用性越好。

在产品设计过程中，可以从了解产品的功能需求、工作原理来规划产品结构设计，从产品壳体出模方向入手完善产品造型，结合产品内部元器件进行整体布局，在满足产品功能的前提下，用结构越简单越好的思维来建立产品开发的全局观。

好的产品设计是简单的、简洁的，这体现在具体的零件结构设计和装配关系设计中。

8.4.2 综合训练

1）基于缩水的外观缺陷情况，请分别从模具结构、注塑条件和该产品开发设计者的角度进行分析改善。

2）设计螺丝柱时，在什么情况下需要设计加强筋？请举例说明。

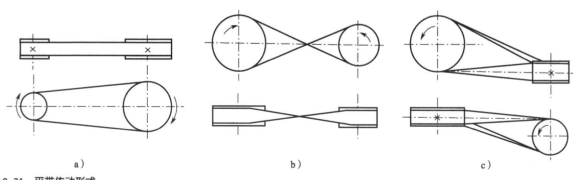

a)　　　　　b)　　　　　c)

图8-21　平带传动形式

第9章

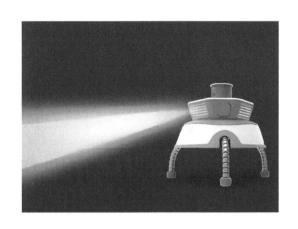

智能安防类产品设计实例

9.1 项目概况

9.1.1 项目内容

本项目是杭州某企业的真实项目，内容包含"1+X"产品创意设计职业技能等级标准中级考核的内容：根据项目要求完成市场调研分析及客户需求分析、选择设计方向、制定产品整体方案、用计算机辅助设计产品的造型和结构、研究和选择设计材料、制作手工样板或产品模型等。

开发一款基于城市年轻群体在户外野营时的安全防护型产品，让用户在享受自然风光的同时能远离蚊虫侵扰、防范野兽侵入、进行危险警报等安全防护，在用户休息和外出时均能保护人身及财产安全的智能便携型产品。

9.1.2 设计价值与目的

项目设计价值与目的如下：

1）针对户外产品的特殊环境需求进行设计考虑，掌握能有效针对该环境的合理功能与材质；

2）掌握用户心理需求对产品设计的情感化设计方法；

3）掌握基于合理技术应用对于产品模型化落地的指导方法；

4）培养从用户需求出发并能合理化梳理的科学性设计思维；

5）建立"人—机—环境"三者和谐统一的设计思路，响应高端化、智能化、绿色化的产业发展趋势。

9.1.3 设计重点与难点

重点：分析户外环境影响因素和用户身心理需求，梳理需求与问题，提出明确的设计方向；根据用户需求及当下设计潮流趋势进行产品外观造型和使用方式的合理设计；整体设计能充分呼应产品的使用环境和用户需求。

难点：对产品实现相关技术原理进行分析，确定产品的合理化技术实现路径；结合功能模块进行结构设计，完成样机制作并进行功能验证。

9.1.4 项目的社会背景

在快节奏的生活压力下，户外旅行逐渐成为都市年轻群体青睐的生活方式之一，而其中的野外露营项目能更亲近自然和探索自然，达到身心减压、磨砺意志的作用，正逐渐成为都市年轻群体的首选休闲项目之一（见图9-1）。野外露营方式通常需要帐篷天幕等防风遮阳类设备，以及各种便捷休闲生活产品来满足户外饮食、娱乐、睡眠等生活所需。露营在带来亲近自然风光的优势同时，也存在一些安全隐患，如蚊虫蛇类叮咬及偷盗等人身安全问题，因此保证该群体在休闲的同时能有更舒心更安全的体验成为产品设计的首要任务。

图9-1 野外露营场景

9.2　项目设计展开

9.2.1　设计问题分析

户外野营需要考虑所用设备产品是否能遮阳避雨，也需要考虑相关电器的电源提供方式是否持久便捷；此外，还要考虑蚊虫蛇类叮咬（见图 9-2）、野兽袭击（见图 9-3）、偷盗、夜间睡眠缺乏安全感、营地短暂无人看守等一系列影响用户身心安全的问题。

9.2.2　用户分析

产品用户主要面向 20~45 岁的都市中高收入群体，具有冒险精神，喜欢休闲和轻松的生活氛围，注重生活品质，稳重、踏实，具有较强的责任感。

都市年轻群体更倾向户外休闲的舒适性，关注各种影响舒适性的细节问题，注重户外休闲的氛围感营造及娱乐需求，重视产品的安全性和可靠性，能享受智能科技带来的便携灵敏的体验感。

9.2.3　环境分析

户外露营环境更易受到太阳光照、风雨的影响，也更易遭受蚊虫蛇类侵扰，户外的夜间环境照明感较弱，因此产品需要考虑防风防雨等相关需求。

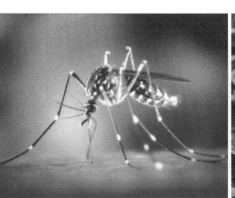

图 9-2　蚊虫蛇类叮咬　　　　　　　　　　　　　　　　图 9-3　野兽袭击

图9-4 户外驱蚊露营灯

图9-5 户外太阳能露营灯

9.2.4 竞品分析

目前市场上的针对露营安全防范问题的产品较少，普遍为比较单一功能类型的产品，例如，单纯依靠驱蚊水或者灯光颜色转换的驱蚊类产品（见图9-4），以及提供夜晚户外照明类的产品（见图9-5），缺少整合式面向露营多样化安全需求的智能化产品。

9.2.5 设计需求

从对用户和环境的分析中，对比现有市场竞品，得出产品的设计需求主要包含以下几个方面：一是用户的人身安全与舒适需求，即产品能否做到防止蚊虫野兽的侵扰；二是财产安全需求，即产品能否在用户短暂离开或者进入睡眠状态时具备财产守护提醒功能；三是娱乐需求，即产品能否有效提供娱乐等情感化需求。

9.3 项目设计定位

9.3.1 功能定位

基于上述用户、环境及竞品分析，产品的功能设定为专用于野营时保护营地与警戒周围环境的作用，可满足营地休息和外出两种情况的需求：一是在营地休息时可以驱离危险，确保人身财物安全；二是在用户短暂外出时，可以驱离野兽和入侵人员，用户可以远程实时查看情况。产品的四大核心功能如图9-6所示，辅助功能如图9-7所示。

距离感应

摄像监控

危险驱逐

驱虫

营地照明
夜晚提供营地整体或局部照明

营地供电
户外露营，为电器提供应急电源

氛围营造
夜晚为营地提供氛围灯光

音乐播放
在户外为露营者提供音乐播放器

太阳能充电
利用光伏发电设备为产品充电

图9-6 核心功能　　图9-7 辅助功能

9.3.2　风格定位

　　产品的设计风格是基于该产品在相关领域的造型风格特征进行提炼的，包括根据营地照明设备、智能摄像头及野营交通工具等产品领域进行风格意向参考（见图 9-8），从而确定产品的造型风格关键词为硬朗、理智、刚柔并济、厚重、简约；确定产品的色彩关键词为稳重、理智、科技，活力、轻松、趣味；并进一步确定产品的体验关键词（见图 9-9）。

图 9-8　风格意向参考

图 9-9　体验关键词

9.4 项目技术开发路线

基于产品的设计定位，进行相关功能实现的现有技术路径研究，包含产品识别危险、驱离危险等核心功能的技术（见图9-10），以及其他照明、供电、音乐播放等次要功能的技术；并根据不同功能技术选择合适的性能参数来确定相应的硬件型号（见表9-1）。

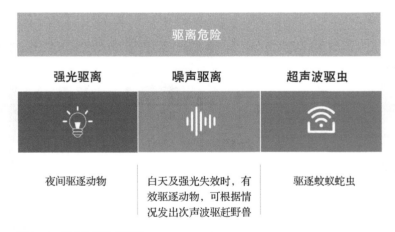

识别危险	
图像监控	距离感应
出现危险时自动启动，查看危险	有生物靠近但不知道时，需要提醒与警报

驱离危险		
强光驱离	噪声驱离	超声波驱虫
夜间驱逐动物	白天及强光失效时，有效驱逐动物，可根据情况发出次声波驱赶野兽	驱逐蚊蚁蛇虫

图9-10 核心功能技术研究

表 9-1　确定产品硬件型号

1　距离传感器
红外热释电传感器，集成电路芯片和 SMD 技术

2　小型摄像头
超清（1200 万像素）红外广角工业级摄像头

3　LED 光源
强光 LED，P9 灯芯（350mA，3V）

4　报警蜂鸣器
一体式蜂鸣器（12V）

5　超声波驱虫
石墨烯超声波喇叭（SPL 物理超声波芯片）

6　音箱模块
8~25V，Bluetooth V4.0，8Ω 阻抗音箱

7　光伏电池
单晶硅光伏电池（10~100W）IP65 轻薄防水防尘

8　锂电池
磷酸铁锂电池（1000W，12V/10A，5V/2.4A 输出）

9.5 项目设计执行

设计创意

根据产品的功能模块和风格意向，进行产品方案的外观和使用方式创新设计，包括手绘草图及计算机三维效果表达。

【方案一】方案一草图设计及计算机三维效果制作如图 9-11 所示。

核心功能：入侵感应、入侵报警、应急充电。

附加功能：蓝牙音箱、应急照明、光伏充电。

形态语言：硬朗、安全、理性、高性能。

使用方式：地面放置。

创意亮点：360° 感应报警，折叠式光伏电池，折叠式应急灯。

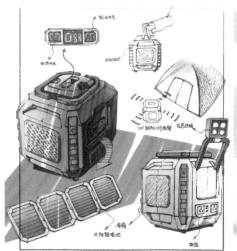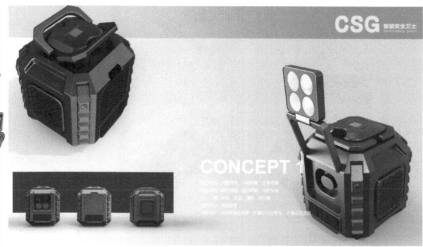

图 9-11　方案一草图设计及计算机三维效果制作

【方案二】方案二草图设计及计算机三维效果制作如图 9-12 所示。

核心功能：实时监控、入侵报警。

附加功能：超声波驱虫、影像记录、照明、氛围灯。

形态语言：简约、亲和、安全、自然。

使用方式：平面放置、悬挂。

创意亮点：360° 感应报警，氛围灯，营地灯。

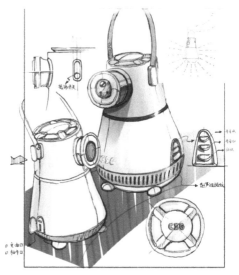

图 9-12　方案二草图设计及计算机三维效果制作

微课 2　智能安全
卫士手绘视频　　微课 3　智能安全
卫士建模视频

【**方案三**】方案三草图设计及计算机三维效果制作如图 9-13 所示。

核心功能：入侵感应、入侵驱离、实时监控。

附加功能：折叠支脚、影像记录、光伏充电。

形态语言：科技、轻便、中性、精致。

使用方式：灵活放置。

创意亮点：360° 感应报警，万向可折叠支脚，伸缩式摄像头。

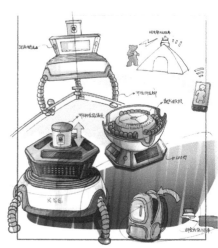
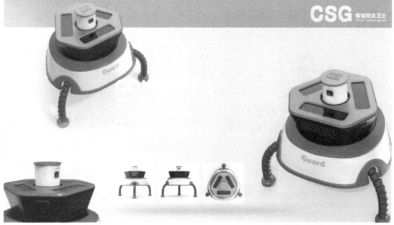

图 9-13　方案三草图设计及计算机三维效果制作

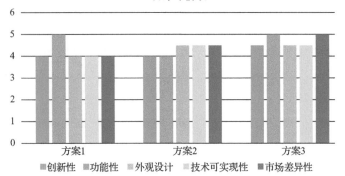

设计评价表

图 9-14　设计评价表

9.6　项目评估分析

　　从创新性、功能性、外观设计、技术可实现性、市场差异性几个方面对不同方案进行分项评估打分（见图 9-14），最后统计综合分数来确定方案三为最优方案进行迭代优化，推动样机落地。

　　方案三迭代优化后的功能说明如图 9-15 所示，产品结构爆炸图如图 9-16 所示。

● 测距传感器，可以监测到物体靠近　● 物体靠近时，可声光报警，驱离危险　● 声光报警失效时可启动强光照射驱离危险

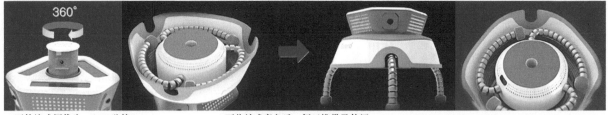

● 可伸缩式摄像头，360° 监控　● 可收纳式章鱼爪，便于携带及使用　● 底部为超声波驱虫器

图 9-15　方案三迭代优化后的功能说明

9.7　样机制作

　　产品的尺寸结构确定之后，开始进入样机制作环节。样机制作包括以下几个方面：①外观覆盖件制作：ABS 工程塑料材质，CNC 加工—后处理—油漆喷涂—试装配；②内部零件制作：光敏树脂材质，光固化 3D 打印—后处理；③程序编制：根据产品的功能需要，按照不同元器件的控制要求进行程序编制；④元器件安装：将功能元器件按照指定的位置进行安装固定，并进行线路安装，确保各元器件工作正常；⑤样机调试：机械部件调试，控制程序及硬件性能调试。产品样机结构如图 9-17 所示。

图 9-16　方案三迭代优化后的产品结构
　　　　　爆炸图

图 9-17　产品样机结构

图 9-18　项目设计展示

9.8　项目设计展示

项目设计展示如图 9-18 所示。

9.9　知识拓展

本项目以时下新的生活方式为创新切入口，关注文化与科技，深入研究用户需求，关注人工智能相关控制技术，并运用快速成型技术进行样机落地验证。整体设计倡导绿色的、可持续的、简洁化设计原则，主张"人—产品—环境"的和谐统一。

1. 设计与文化

生活方式是文化的一种，也是一种对产品的消费方式，而产品设计和生产实际上是直接为消费服务的。因此，生活方式与产品的设计与生产密切相关。消费与设计的关系实际上是设计与生活方式的关系。产品构成了人们生活中的物质基础，是生活方式结构要素中环境要素的重要组成部分，也是影响生活方式形成的重要物质力量。自古以来，这一物质基础始终发挥着重要的作用，而且会通过自身品质和形成的变化，产生更大的影响，甚至成为生活方式的表征之一。

2. 设计与科技

设计在现代生活领域的重新确立中扮演社会文化角色，这成为定义现代设计的一个重要方面。现代设计的定义也取决于它在大批量标准化产品的制造领域所扮演的关键角色。这些标准化产品尽管是为满足扩大的市场需求而生产的，但由于大批量生产需要较高的投资成本，它们必须依靠有力的销售。设计是技术和文化的交界，作为批量生产的固有环节，也是传达社会文化价值的一种形式。

3. 快速成型技术

快速成型技术（Rapid Prototyping，RP）是 20 世纪 80 年代开始发展起来的一种高新制造技术。随着科学技术的发展，产品原型制作的工具不再局限于百余年前包豪斯时代的手工工具。数控机床、3D 打印机等现代化模型制作设备的出现，对模型制作方法的发展带来了积极的影响，使模型的制作更加快速、精准。将产品设计创意，利用快速成型技术，在工业设计过程中制作产品原型进行实验和论证，是现代工业设计师必备的能力。

数控加工技术是目前工业设计和产品研发领域中应用最为广泛的快速成型制造技术之一。数控加工是依托于计算机数字控制机床（Computer Numerical Control）实现的，数控机床是一种由程序控制的自动化机床，主要通过数字化信息控制刀具和毛坯的相互运动，从毛坯上切除多余材料（即余量），从而获得一定形状和精度的零件。数控机床是在普通机床的基础上发展而来的，能加工复杂异形零件，具有良好的柔性、高精度和可靠的稳定性等优点。另一方面，由于数控加工属于减材制造，材料浪费率较高，加工时噪声和粉尘污染较严重，设备昂贵，对于复杂造型零件加工具有局限性。数控加工如图 9-19 所示，数控加工塑料手板如图 9-20 所示。

使用 3D 打印机制作产品原型是一种累积制造技术。软件通过计算机辅助设计技术（CAD）完成一系列数字切片，并将这些切片的信息传送到 3D 打印机上，运用特殊可黏合材料，通过打印一层层的黏合材料来将三维数据进行物化。3D 打印快速成型技术是近些年发展起来的一种新的制模技术，它涉及数据处理技术、材料技术、测试传感技术和计算机软件技术等技术，是各种高新技术的综合应用。由于 3D 打印快速成型技术的突出优势，该技术近年来发展迅速，已成为工业设计模型制作中的一项关键技术，3D 打印模型如图 9-21 所示。3D 打印机堆叠薄层的形式多种多样。3D 打印机与传统打印机最大的区别在于它使用的"墨水"是实实在在的原材料，堆叠薄层的形式多种多样，可用于打印的介质种类多样，

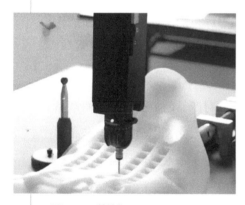

图 9-19　数控加工

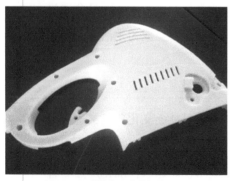

图 9-20　数控加工塑料手板

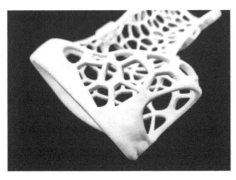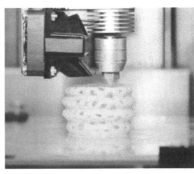

图 9-21　3D 打印模型

如塑料、金属、陶瓷、橡胶等。

　　当今市场产品更新非常快，生产厂商都在尽量压缩新品研发周期，因此在产品的设计研发阶段应用 3D 打印机可以大大缩短研发周期。在一项相关调查中，17% 的被调查产品，其原型制作消耗相当长的时间，是缩短上市时间的最大障碍。在原型测试阶段，设计团队利用产品原型进行性能测试和严格的工程评估，及早反馈设计缺陷，可以尽可能规避产品开发风险。采用 3D 打印技术可大大缩短产品原型的制作时间。相较于数控加工，3D 打印工艺存在加工精度底、结构强度低、耐久性差、表面处理困难等缺点。

4. 方案评价原则与方法

　　当设计人员经过前期调研、需求分析最终创作出多个创新型方案后，设计团队需要通过合理的评价指标对方案进行把控和甄选，而设计方案的评价标准和方法有可能会表现得较为模糊或主观，很难真正体现出方案评价的合理性及通用性。方案评价的难点在于如何将感性认知通过可量化的标准进行体现，并最终落实到设计方案的切实评价上。

　　通常来讲，大多数工业产品可以从功能性、可操作性、美观性、经济性、创新性 5 个维度进行考量，这 5 个维度也可以视为大多数工业产品评价的基本原则。

　　功能性：产品作为一种功能的载体，具备一定解决问题的能力，其工作方式、工作原理、外部设备及能源需求、使用环境、操作频率、三防、散热、携带、收纳等功能性需求是设计师在设计过程中需要详细考虑的内容。

　　可操作性：产品的功能最终要通过使用者的操作才能得以展现。简言之，产品与人之间关系的融洽度是产品功能能否得到最优发挥的重要因素。如今，产品设计在人机工程上的要求越来越高。从方案评价角度而言，一方面要考虑产品与人进行互动时，产品的尺寸、材质、形态、机械运动、操作力度等物理属性与使用者的生理特性形成良好的匹配；另一方面要考量产品与人互动的过程中，使用者的心理上的感受和体验是否存在问题，产品能否给使用者积极的情绪体验。

　　美观性：产品作为实际存在，有其自身的物的属性，主要表现为产品的"形状、色彩、材质、纹理、体积、质感、结构、层次、存在环境"等，在方案评价过程中应该对不同类型和层次的外观属性进行合理的细分和评估。另外，设计之美还体现在产品的情感认知、文化承载等方面，即在满足外观审美需求的前提下，在设计理念、精神及文化层面上进一步提升方案的设计内涵。

经济性：产品还需要兼顾其经济性，其"物料成本、物料可获得度、装配及加工难度、生产周期、工序复杂度、OEM可获得度、钣金拼板可行性、注塑效率及成品率、包装规整程度"等直接影响到其生产、物流成本的因素，另外在考量产品生成和物流经济性的同时，还要考虑产品在生产、运输、使用和废弃全过程对于环境所造成的影响，即产品的环境成本。

创新性：创新指新的设计方案相对于已有的产品或解决方案具有不同的，更加新颖、独特的特点和属性，创新性是设计方案的灵魂，也是设计人员工作中最具价值的部分。在进行评价时，应注意创新具有不同的层次类型，其中表层次创新包括了产品的色彩、造型、材质搭配、表面处理、装饰等；中层次创新包括产品结构、工艺、功能拓展、功能迭代等；深层次创新包括产品的工作原理、使用方式的革新。另外，创新性还应能够在产品宣传、销售、流通等环节中传递给用户不一样的价值。

综上所述，对设计方案进行合理评价，其原则可以归纳为以下几点：功能强大、安全可靠、操作便捷、互动良好、造型美观、工艺可行、成本可控、卖点突出。该原则既可作为方案评价的原则，也是设计师在设计过程中需要考虑的内容。有目标，设计时就有章可循，进而保证设计质量。

9.10 项目小结与综合训练

9.10.1 项目小结

本项目深入洞察当今生活休闲方式，探讨使用环境因素和用户特征，结合竞品分析找准机会进行设计展开；根据产品设计的方向进行深入的研究分析，对产品的功能进行精准定义；对功能相关技术原理进行分析，确定产品的合理化技术路径；根据市场和用户的需求及当下设计潮流趋势进行产品外观造型、使用方式的定义；通过结构、功能的测试验证与迭代优化，最终完成产品的工程样机开发，实现了具备能保护人身财物安全的户外便携式野营产品。

9.10.2 综合训练

1. 边学边练

基于本项目的功能及风格设定，发散更多产品造型与使用形式，以手绘形式进行表达。

2. 研究报告

针对该项目的技术实现路径，探讨当下有无更合理、更有效的最新技术进行替代。

3. 创意路演

以当今社会不同群体的户外休闲需求进行细分探讨，包括儿童群体、老年群体等特殊群体，通过市场调研及用户分析搜集相关信息，并以小组头脑风暴的方式进行需求探索，结合群体的机能和心理特征，探讨对应人群产品设计的需求点，从而探索解决问题的办法，以路演形式进行演绎。

4. 思维拓展

针对目前户外休闲娱乐造成的环境破坏问题，从工业设计师的角度畅想可以采取哪些有效产品来减少人类对环境的破坏和污染。

第 10 章 ▶ ▶

智能交互类产品设计实例

10.1 项目概况

10.1.1 项目内容

本项目是 2021 年浙江省第十三届大学生工业设计竞赛一等奖获奖作品。本项目着眼于通过引导学生关注社会与环境，走访调研，抓住热点问题，通过专业设计提供解决方案。

本项目为面向游乐场所设计智能交互类产品，帮助用户在游玩过程中规划多项目游玩行程，尽可能减少排队问题，提高用户游玩体验。因此，本项目从用户体验角度出发，通过对软硬件交互方式的设计，开发一款容易上手、学习成本低、外界认可度高的智能交互类产品。

10.1.2 设计价值与目的

项目设计价值与目的具体如下：

1）掌握用户为中心的需求挖掘与分析的方法。

2）掌握科学的软硬件产品设计的流程与方法。

3）掌握交互设计五要素，提升产品用户体验。

4）培养学生关注社会与环境发展的科学价值观。

5）培养学生科学解决问题的专业素养。

10.1.3 设计重点与难点

本项目设计的重点与难点在于如何引导学生发现问题、挖掘需求，以用户为中心进行软硬件功能设计，掌握正确的软硬件交互设计的流程，践行用户体验的设计原则。

10.1.4 项目的社会背景

我国游乐场产业发展迅速，全国各地游乐场大规模兴建，尤其是大型现代儿童游乐场，受到人们追捧，游乐人数爆棚，导致排队现象严重，思考如何通过合理的设计避免排队严重的现象。

10.1.5 项目调研

1. 网络调研

根据各大社交平台用户评论反馈，大型游乐场热门项目排队一两个小时是常见现象，一天下来只能体验到三四个项目。过久的等待与站立带来的疲惫感让游客产生巨大的心理落差，如图 10-1 所示。

2. 实地调研

通过现场走访调研发现，游乐场，尤其是节假日的游乐场，人们扎堆出来游玩，热门项目排队异常严重，且无法预测排队时间，尤其带孩子出来的家长，面对孩子的烦躁情绪也是束手无策。无从规划的游玩、长时间站立的疲劳，都可能会导致游客情绪低落，游玩体验差，如图 10-2 所示。

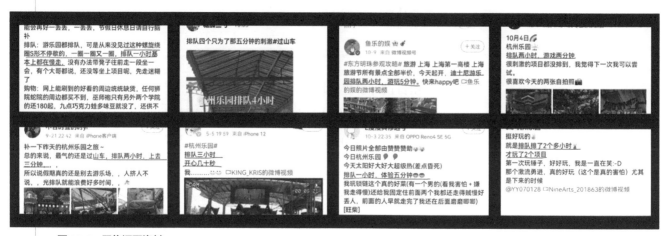

图 10-1 网络调研资料

图 10-2　游乐场实地调研

10.1.6　设计需求

产品设计的最大意义是真正改变生活，帮助人们处理生活中遇到的各种问题和困难，帮助改善用户体验，然后创造更美好的生活，这也是产品设计师的真正价值所在。所以产品应满足以下 3 个方面。

1．功能性

一个优秀的产品设计首先要实现基本的功能，解决用户问题，产品才有价值。根据调研可知，本项目的核心功能是规划游乐场行程，解决排队问题。

2．稳定性

在满足了基本功能的前提下，设计必须能够提供稳定、一致的工作性能。游乐场的公共产品会被频繁使用，所以产品性能稳定、尽量避免或减少问题的出现是至关重要的。

3．易用性

易用性是一种以用户为中心的设计概念。易用性设计的重点在于让产品的设计能够符合用户的习惯与需求。对于用户来说，产品要易于学习和使用、能够减轻记忆负担、增加使用满意度，才算是

图10-3 用户访谈现场

易用性好的体现。

10.1.7 设计定位

1. 目标市场定位（WHO）

目标市场定位主要解决"产品给谁做"的问题，找到合理的市场位置，明确目标用户，通过用户画像使需要服务的特定人群形象清晰化，为产品定位提供重要的决策依据。

根据本项目产品设计研究的方向，将受众人群定位在25~45岁，有一定的经济基础，喜欢带孩子出游的人，并保有对新鲜事物的探索精神。

1）用户访谈。项目挑选了3组目标用户进行了访谈，如图10-3所示，主要了解他们出游的背景、行为习惯、动机、痛点以及对科技类新生事物的认知态度。

2）人物画像设定。最终本项目确定了产品的用户画像如图10-4所示。

2. 功能定位（WHAT）

功能定位主要是解决"做什么"的问题，明确产品到底是做什

语录：
玩乐时要尽兴，做事时要高效

性格特征：
积极的、严谨的、理性的、努力的、自信的

性格特征：
唯安女士是一个工作繁忙的互联网工作者，平时加班多，空余的时间少，难得的周末都会尽量陪伴儿子，经常一家人出游，游乐场会去的比较多，主要是孩子喜欢，但是一些热门乐园人多价高，排队时间长，本来就是陪儿子出来放松，玩个尽兴的，以弥补儿子缺少的陪伴。但是经常遇到的情况是全家人分开排队，耗费了太多的精神力，也起不到陪伴的作用。

姓名	王唯安
年龄	36岁
学历	大学本科
工作	互联网
所在地	杭州
婚姻	9年
丈夫	朱恺，38岁
儿子	豆豆，6岁

技能：
IT互联网95%

移动应用90%

社交网络85%

当前痛点：
超长的队伍
缓慢的速度
无聊的过程
其他

当前痛点：
高效时间利用
快捷体验项目
简单可操作性

图10-4 用户画像

么的，通过使用产品能够解决人们的哪些问题。所以需要根据潜在的目标用户的需求特征，对产品应具备的基本功能做出具体的定位和规划。

游乐场项目多，人员聚集，为保证游客的良好体验，必须解决游客的排队效率问题，所以产品需要满足对项目游玩项目进行智能化规划、预约以及提醒的功能，让游客更加合理地安排时间，减少疲劳，增加游玩愉悦值。

3. 风格定位（HOW）

风格定位解决的是"产品到底要做成什么样"的问题。本项目对市面上的类似产品进行了一个调研，如图 10-5 所示，如公共场所的导引机器人、餐馆的端菜机器人，以及目前比较普及的、拥有良好体验的智能化扫码点餐功能等。最终决定产品的设计风格为智能化、人性化、情趣化。

图 10-5　类似产品调研

10.1.8 技术研究

智能产品通常包括机械、电气和嵌入式软件,具有记忆、感知、计算和传输功能。典型的智能产品包括智能手机、智能可穿戴设备、无人机、智能汽车、智能家电、智能售货机等。目前,我国智能制造领域正处于蓬勃发展的阶段,有政策和经济两方面的支持,智能制造结合信息技术、工程技术等多种不同的技术手段,所创造的产品和服务越来越多运用到日常生活中。

游乐场智能项目规划和预约产品主要包括物理部件、智能部件、互联部件和软件,采用的技术有电子技术、自动化控制技术、物联网技术、大数据技术、云计算平台技术、机器学习技术、互联网技术、安全监控技术等。我国在该领域已有相关成熟且成功的案例。

10.2 设计展开

本项目是面向游乐场的公共智能交互产品,产品主要包含硬件和软件两方面的设计,基本设计流程与方法分为设计方案确认、用户研究与人物角色设定、产品硬件方案设计和产品软件方案设计。本项目设计流程与方法如图 10-6 所示。

接下来主要针对硬件和软件两方面进行方案设计。

10.2.1 产品硬件方案设计

1. 情景故事设计

情景故事设计指以用户为中心,通过幻想一个情景故事来分析用户对产品的需求,然后通过收集资料、设定情景、设计产品、新情境验证产品需求的过程,围绕用户来设计一个产品。本项目情景故事设计如图 10-7 所示。

2. 产品使用流程设计

产品使用流程设计如图 10-8 所示,该图清晰地展示了产品设计中各个环节的流程,具有直观性、简洁性、可操作性和指导性。

3. 产品手绘图

在工业产品设计中,手绘是对设计思维的表达,在设计师创作的探索和实践过程中,手绘可以生动、形象地记录下创作者的激情,并把激情

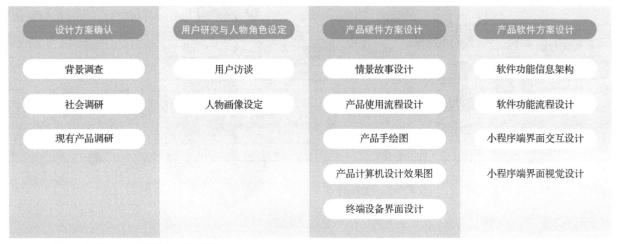

图 10-6　游乐场智能产品项目设计流程与方法

图 10-7　游乐场智能产品项目情景故事设计

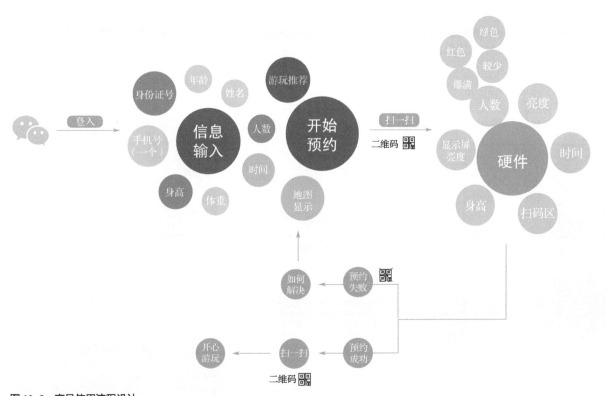

图 10-8　产品使用流程设计

注入作品之中。产品手绘效果如图 10-9 所示。

4. 产品计算机设计效果图

计算机设计与手绘设计的目的是相同的，都是对产品视觉方式的表达，只是两者所采用的手段不同。手绘设计的特点是快速、生动、亲切；计算机设计的特点是设计精确、效率高、便于更改，还可以大量复制，操作非常便捷。产品计算机设计效果如图 10-10 所示。

5. 终端设备界面设计

用户通过人机交互界面与系统交流，并进行操作。人机交互界面的设计要包含用户对系统的理解，才能使产品具有较高可用性。本项目产品终端设备界面设计如图 10-11 所示。

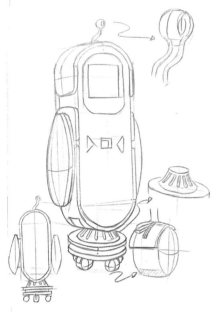

图 10-9　产品手绘效果图

微课 4　智能交互类产品三维建模

微课 5　智能交互类产品结构爆炸

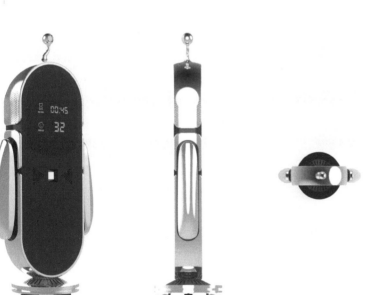

图 10-10　产品计算机设计效果图

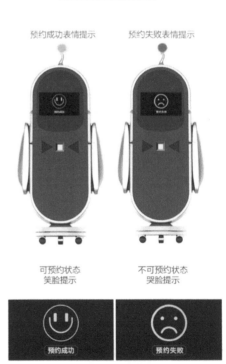

图 10-11　产品终端设备界面设计

10.2.2 产品软件方案设计

1. 软件功能信息架构

软件功能信息架构是对软件功能的梳理，是表达信息及信息之间的相互关系，用于交互设计相关人员使用，约束其设计思路，进而让所有人聚焦在设计目标上，即"让用户更好地使用这个产品"。游乐场智能产品的人机交互界面语言设计就是软件功能信息架构，如图 10-12 所示。

2. 软件功能流程设计

功能流程是对业务逻辑的说明，负责定义业务逻辑规则，设计师用图形语言的方式画出这个产品的使用方法和具体功能的实现步骤，每个步骤都用一个节点来表示，用线和箭头指示出每一步骤的方向和所要到达的下一个步骤。

游乐场智能产品的预约功能的流程设计如图 10-13 所示。

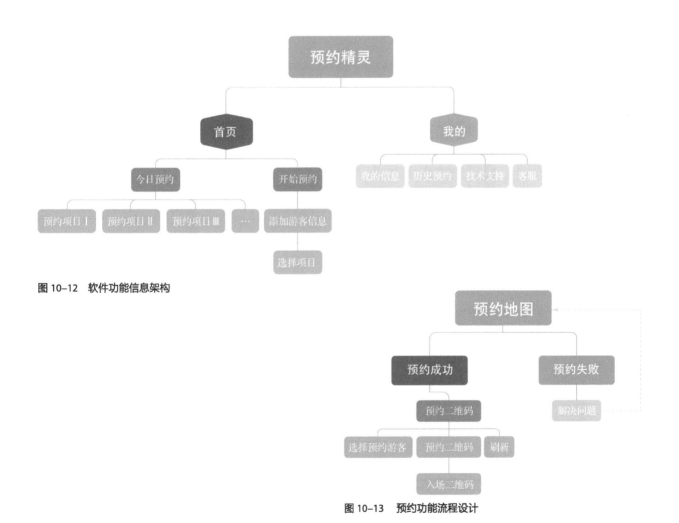

图 10-12　软件功能信息架构

图 10-13　预约功能流程设计

3. 小程序端界面交互设计

交互线框图是在逻辑流程图的基础上，用线框的形式细化界面的主要功能和基本布局定位，包括导航、标题、图片、图标、文字内容、按钮、各种控制器和形式等，从而确定各个界面之间具体的交互关系。

游乐场智能产品小程序端界面交互设计如图 10-14 所示。

4. 小程序端界面视觉设计

界面视觉设计就是对人机交互图形界面的设计，界面视觉由多个不同的基本视觉元素组成，它们通过图形的组合、色彩的搭配、材质和风格的统一、合理的布局构成一个完整的界面效果，优秀的基本视觉元素是界面设计成功的基础。

游乐场智能产品小程序端界面视觉设计如图 10-15 所示。

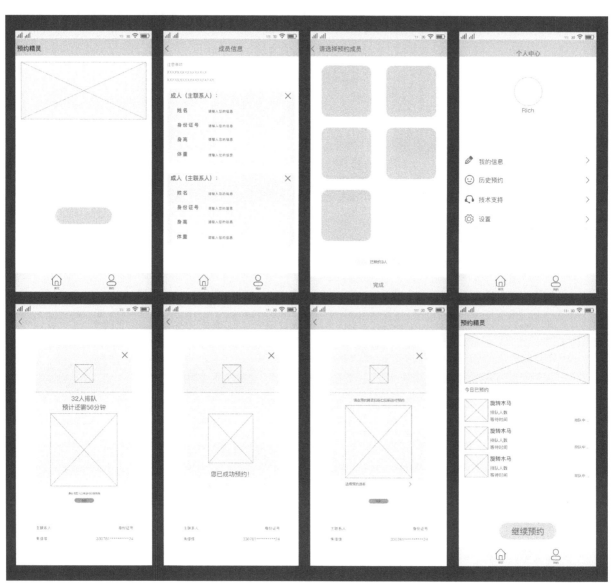

图 10-14　小程序端界面交互设计

图 10-15　小程序端界面视觉设计

微课 6　智能交互类
产品软件操作

微课 7　智能交互类
产品预约精灵实物

10.2.3　设计展示

软硬件设计完成之后要进行实物开发，并进行可行性测试，保证产品拥有完整良好的体验。产品实物展示如图 10-16 所示。

图 10-16　产品实物展示

课件 13　交互设计

10.3 知识拓展

1. 交互设计要素

交互设计与平面设计、建筑设计、工业设计等都是一种有目的和计划的创作行为，但是它们所设计的对象截然不同。其他设计的对象是信息、材质、空间，要考虑物的结构、色彩、质感、材料等。而交互设计的对象是行为，是用户产生动作且收到反馈的一个回路，类似于人与人之间的沟通。这里的动作一般是指有意识的行为，既然是有意识的行为，就会包含：发出行为的人（用户）、通过什么载体来承载这些行为（媒介）、这些行为在何时何地在何种情景下产生（场景）、发出这些行为的动机是什么（目的）。

交互设计五要素为用户、媒介、场景、目的、行为，如图 10-17 所示，是构成完整交互过程的必要元素，把握这五个交互设计要素可以有效帮助提升产品的用户体验。不管是设计一款新的产品或者是迭代更新一个小的功能，都可以从这五要素的五个维度去思考设计。

图 10-17　交互设计五要素

用户：应考虑谁来使用产品或者这个功能。用户决定交互流程的开始点与结束点，对整个交互流程起主导作用。在现实生活中，每一个人都会成为某一个产品的用户。

媒介：所有日常用品或产品服务，如手机、电视、微波炉等，都是交互行为得以进行的媒介，媒介就是交互行为的承担者。媒介的选择应依据用户、目的、场景而有所不同。例如，Keep 是一款健身 APP，但其早期是没有 APP 的，只是先通过公众号来积累种子用户，因为 APP 这种媒介的下载安装以及注册成本太高，不利于早期积累用户。

场景：指用户在使用这个产品时处于什么样的场景中。例如，司机在开车的时候使用 APP 听音乐，就要考虑用户是在车内，且大部分时间是白天。这个时候车内的亮度很高，并且司机一般将手机放在车载架上，手机离眼睛距离比较远，场景环境的特殊性，决定了这款产品在开车的场景下切换成驾驶模式界面，字体够大并且背景要暗，以突出信息。

目的：首先要明确为什么要做这个产品或者功能，目的是要解决用户的哪方面需求，或者是产品期望得到什么样的成果，这是产品交互设计的根本。

行为：用户在特定场景下用特定媒介完成特定目的所产生的行为路径。例如，用户口渴了，想在外卖平台点茶饮，用户路径为：搜索茶饮——浏览搜索结果列表——进入商品详情——填写信息——等待收货——给予评价。

2. 用户体验设计体系

课件 14　用户体验
设计

后工业设计社会强调面向人的设计思想，必须把用户放在第一位。研究用户，以用户为中心来探讨产品的功能、结构和人机交互及界面开发。因此，用户体验和交互设计已经成为非物质设计的重要内容。

和交互设计不同，用户体验是以心理学和认知科学为基础提出的，从心理学和认知科学的角度对人和外界环境的关系进行探讨。

用户体验（UX 或 UE）是指用户使用产品或者享用服务的过程中建立的心理感受，涉及人与产品、程序或者系统交互过程中的所有方面。对于产品的生命周期的商业价值实现，用户体验是产品成功与否的关键。用户体验并不是指一件产品本身是如何工作的，而是指产品是如何与外界发挥作用的，即人们如何"接触"和"使用"。

所以用户体验，即用户在使用一个产品或系统之前、使用期间和使用之后的全部感受，包括情感、信仰、喜好、认知印象、生理和心理反应、行为和成就等各个方面，是一种人类的心理活动。根据不同的角度，用户体验有不同的划分。美国营销学专家贝恩特·施密特（Bernd H.Schmitt）借助认知心理学和大脑功能分区模型，提出了感官、情感、思考、行为、关联五大体验体系。

感官体验：感官体验的设计是为了让用户在视觉、听觉、触觉、味觉和嗅觉等方面达到完美知觉体验。

情感体验：指用户内心的感觉和情感创造。通过某种方式激发购买者的内在情绪，以便与体验标的形成共鸣。

思考体验：以创意的方式引起用户的惊喜和兴趣，对问题的集中和分散的思考，以及为用户创造认知和解决问题的体验。

行为体验：通过增加用户的身体体验，指出做事的替代方法、替代的生活形态，以互动来丰富他们的生活。

关联体验：包含了感官、情感、思考与行动体验的很多方面。然而，关联体验又超越了个人感情和个性，加入了"个人体验"，使个人与理想自我、他人或文化产生关联。关联揭示了事物的普遍性，或疏或密的关联，构成了设计思维的重要思想。

3. 人工智能的概念与影响

课件15　人工智能

人工智能是在控制论和信息论的基础上产生的一门新型综合性学科，其涉及多个学科领域，包括：计算机科学、数学、认知科学、心理学、哲学等。人工智能的应用领域非常广泛，包含计算机视觉、机器学习、生物特征识别、自然语言处理、人机交互技术等关键技术。

人工智能按照智能的程度可以分为强人工智能和弱人工智能。真正意义上的强人工智能还未实现，但行业内普遍认为，强人工智能应该是具有推理和解决问题的智能机器，这样的机器是有知觉的，有自我意识的，机器可以独立思考问题并制定解决问题的最优方案。

弱人工智能有时也被称为工具型人工智能，是指机器能够根据人类设定的程序开展工作，自动地完成特定的任务。目前，大部分的人工智能产品都属于弱人工智能，因此，作为产品研发设计人员应主要关注弱人工智能的技术、理论和发展趋势。

图 10-18　科大讯飞智能语音交互翻译机

另外，人工智能还可以分为用于解决特定领域任务的窄人工智能，图 10-18 所示为科大讯飞针对翻译领域研发的智能语音交互翻译机，还有能力上和人类非常类似，可以在几乎任何领域完成任务的通用型人工智能；以及可能会在未来出现的在思考、理解、推理、决策和求解等智慧能力上能够超越人类的超级人工智能。图 10-19 所示为由美国 OpenAI 人工智能研究公司研发的一种通用人工智能技术 ChatGPT 的操作界面。

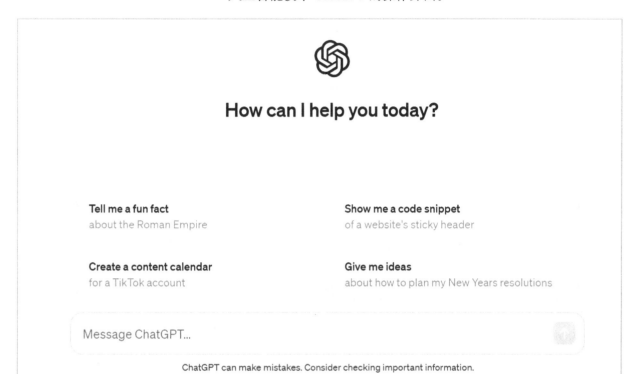

图 10-19 ChatGPT 的操作界面

如同蒸汽时代的蒸汽机、电气时代的发电机、信息时代的计算机和互联网，人工智能正成为推动人类进入智能时代的决定性力量。全球产业界充分认识到人工智能技术引领新一轮产业变革的重大意义，纷纷转型发展，抢滩布局人工智能创新生态。随着人工智能的不断发展，人工智能产品已经逐步渗透到人们的日常生活中，无论是工业领域，还是军事领域，都能看到智能产品的脱颖而出。

4. 非物质设计

在前工业时代和工业时代，产品设计的对象是具备一定形态的实体，也就是物质性。物质性是人们生活方式和内容的基本面，在人们的行为上表现为"物质欲望"和"消费主义"，推动着社会经济的发展，物质的"数"和"量"也是社会进步的标志。

进入信息时代之后，数字化和网络信息化使传统的产品观念发生变化，设计的内容、领域、思想、过程和方法都突破了实体概念，产生了非物质设计的概念，针对非物质设计，可以分别从以下

课件 16 非物质设计

两个方面阐述。

第一，非物质因素的设计。在形式上进行的还是物质设计，但其内在本质已经发生了很大的变化，物质的形式不仅拘泥于对功能的表达，更强调通过对环境问题、人口问题、文化因素以及情感层面的思考进行设计。

第二，非物质形态的设计。在信息时代，数字化信息产品成为社会重要的消费商品，网页、电子书、多媒体软件、移动应用、电子游戏等产品不再具有实在的"形体"，这类基于电子信息的虚拟化设计、大众媒介、电子信息服务、网络界面设计等统称为数字化非物质产品设计。

"非物质设计"的出现与广泛应用是信息化社会发展的必然结果，也是人们生活内容和形式的变化所致。

非物质设计对设计师的影响是巨大的，工业时代的设计是为大批量机器生产服务的，信息化社会中的设计是针对用户个体服务的。这一差别引起了设计师思维方式的转变。设计师在进行设计创作时，会把工作的重心放在对个体的研究上，更多地关注消费者的需求和心理，从而使设计的作品更能体现出人性的关怀。

同时，设计师更重视对产品精神性和艺术性的表现，设计不再是以功能的堆积来满足物质欲望，而是以合理的形式，在满足产品基本功能之外，创造出一种意境或由产品本身隐喻出某些内涵来满足人们精神上的需求。这对今天的设计者而言无疑是挑战。

最后，设计的非物质化迫使设计师在思考新问题的同时也为他们开辟了一片新的设计领域。在信息化社会里，人们的生活方式、思维方式以及行为模式等发生了极大的变化，设计从传统的

物的角度脱离出来，并走向非物质化。这一层面为设计者提供了更多的机遇和空间，在这个崭新的空间里，设计者将摄取更多的信息资源，获得更好的技术支持，涉足更多元的设计方向和领域。

10.4 项目小结与综合训练

10.4.1 项目小结

本项目着眼于社会发展与环境和谐，从中发现问题，定位目标用户，挖掘用户需求，以用户为中心进行设计，遵循软硬件产品设计流程，开发出契合用户行为习惯的、以人为本的产品，能够帮助用户实现目标，使人机交互尽可能流畅和"人性化"。

在发现问题和解决问题的过程中，应高度关心社会发展与环境和谐，即体现人文主义关怀，提升专业素养，最终促进综合素质的全面提升。

10.4.2 综合训练

请分析一个现代生活中典型的科技产品案例，需利用本章提到的交互设计五要素方法进行详细拆解描述。

请围绕人机交互方式，列举五个有创意的交互案例，并进行简要说明。

请结合本章中提到的交互设计技术，列举工业互联网产品的应用场景。

在信息时代，日常生活中的设计变革有哪些？列举并说明其特征以及对人们生活的影响。

如今，手机已成为人们生活的必需品，请找一款常用的APP，分析其在用户体验上的优缺点。

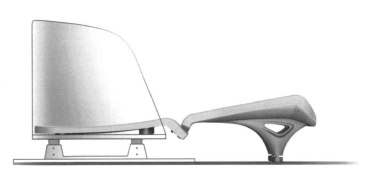

第 11 章

运动器材类产品设计实例

11.1 项目概况

11.1.1 项目内容

多年来，技术变革对残疾人体育运动及其开展产生着深远影响。从假肢到碳纤维轮椅和辅助设备，残疾人运动的技术随着新材料和设计的改进而不断进步。为了在比赛中获得优势，赢在"起跑线"上，运动员、教练员、设计师、工程师和体育科学家们不断追求更进一步，越来越多的残疾人运动员在新技术的帮助下变得"更快、更高、更强"。残奥会上，许多参赛者使用假肢、轮椅或其他专门的部件，使自己能够发挥出最佳状态。

本项目聚焦残奥会静水皮划艇项目，对残疾人运动员的运动辅具进行创新设计和个性化定制。

11.1.2 设计价值与目的

以 3D 扫描、3D 打印为代表的数字智能制造技术为产品设计各阶段设计工作的开展提供了新技术、新方法、新元素。3D 打印技术以其生产高度柔性、制造过程几乎不受产品结构复杂度影响以及快速数字制造的工艺特点，为残疾人运动辅具个性化定制问题提供了可行的解决方案。

参加残疾人皮划艇比赛的运动员通常下半身或躯干有损伤，使用的皮划艇通常比标准静水艇稍宽，以使肢体受损的运动员可以保持一定的稳定性；运动员还可以根据自身的残疾情况调整座椅或驾驶舱内部构造，因此残疾运动员的运动辅具的设计制作具有明显的个性化定制特征。项目有助于设计师体会有理想、敢奋斗的体育精神，建立从特殊群体需求出发并能合理化梳理整合需求的创新设计思维。

11.1.3 设计重点与难点

根据 2011 年发布的第 5 版 ISO 9999《残疾人辅助器具分类和术语标准》，辅助器具（辅具）是指能够有效地防止、弥补、减轻或替代因残疾造成身体功能减弱或丧失的产品、器械或技术系统。简单来说，能够减轻残疾带来的影响，提高残疾人生活质量和社会参与能力的器具都是辅助器具。面向普通残疾人群的辅具设计主要围绕以下几点开展：

功能代偿作用，如安装义肢以获得因肢体残疾所丧失的功能。

功能补偿作用，如佩戴助听器可以听到外界的声音。

支撑和稳定作用，如使用颈部矫形器限制颈部活动，保护颈部损伤患者，使用坐姿矫正器稳定患者坐姿。

预防和矫正作用，如穿戴胸腰椎矫形器对脊柱侧弯的患者进行矫形。

促进和改善机能作用，如进行康复训练所使用的辅具可以帮助残疾人改善丧失和减弱的功能。

面向残疾人运动员的运动辅具除具有上述保障功用外，还应满足比赛中对稳定性和速度方面的更高要求，在激发残疾运动员潜能、突破成绩的同时，最大限度避免他们因训练不当而造成二次受伤。其设计制造涉及人机工程学、运动力学等一系列专业学科。本项目从人机工程学、个性化定制方面入手，对残疾人皮划艇运动辅具的设计与实现进行探索，这也是本项目的设计重点和难点。

11.2 设计展开

11.2.1 用户分析

本项目运动辅具的使用者为我国静水女子皮划艇运动员（见图 11-1），儿时患小儿麻痹致残，多次获得全国锦标赛冠军，并在国际比赛中取得

图 11-1 女子皮划艇运动员

优异成绩。该运动员比赛经验丰富，爆发力强，技术动作协调稳定。为更有效地提升竞技成绩，对安置在皮划艇座舱内的运动辅具提出了升级再设计的需求。

11.2.2　产品分析

残疾人皮划艇运动和普通皮划艇运动所使用的皮划艇非常相似，需要根据运动员的身体情况加装辅具来辅助运动员进行比赛。该辅具的设计、制作需满足运动员的身体条件和运动习惯。运动员在座舱内需被支撑的身体部位包括：背部、臀部和腿部。根据运动员的身体条件，臀部和腿部部位的支撑需具备良好的包裹性，以保持运动员划桨时的身体稳定，背部支撑除了参与身体稳定支撑外，还需考虑划桨过程中的辅助发力。

11.2.3　逆向工程

1.　获取运动员身体数据

为了使该运动辅具能适配运动员的身体条件，首先通过 3D 扫描技术对运动员的身体部位进行扫描，获得运动员的身体特征三维数据，运动员人体数据采集如图 11-2a 所示。

2.　获取皮划艇座舱数据

为了限定该运动辅具的三维空间尺寸，确保该辅具能正确安装在皮划艇座舱内，在获取运动员身体数据的同时，还需要得到皮划艇座舱空间的三维数据作为设计参照皮划艇座舱数据采集如图 11-2b 所示。

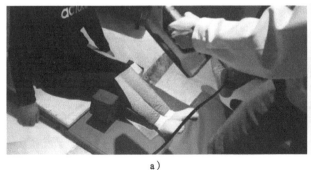

a）　　　　　　　　　　　　　　　　　　b）

图 11-2　设计数据采集

a）运动员人体数据采集　b）皮划艇座舱数据采集

3. 实施逆向工程

利用逆向工程软件，将 3D 扫描获取的运动员身体数据和皮划艇座舱空间三维数据转换成设计软件可用的数字模型，并进一步导入到 Rhino、Pro/Engineer 等设计软件中，作为概念设计的参照，运动员、皮划艇座舱 3D 数字模型如图 11-3 所示。

11.2.4　人机分析

通过与运动员和教练员座谈、互联网搜集整理皮划艇运动资料等途径，详细调研皮划艇项目的技术特点，了解运动员的身体情况和运动员在划桨过程中的动态施力习惯，运动员划桨姿态分析和肌力分析如图 11-4 和图 11-5 所示，从人机工程学的角度提炼项目实施的关键设计信息。

图 11-3　运动员、皮划艇座舱 3D 数字模型

图 11-4　运动员划桨姿态分析

图 11-5　运动员划桨肌力分析

11.2.5 概念设计

1. 头脑风暴

项目组成员在前期获得的皮划艇运动项目技术资料的基础上，开展头脑风暴，集思广益，提出设计关键点和可行的设计方向。

2. 确定设计方向

经过头脑风暴创新思维活动，结合三维数据、皮划艇运动人机分析，拟定本项目初步的设计方向。

3. 开展概念设计

在第一阶段采集到的运动员和皮划艇座舱的三维数据的基础上，综合运动员划桨过程的人机分析提炼出的设计要点，项目组成员按照拟定的设计方向，分别开展概念设计工作。

【方案一】（见图 11-6）

1）坐垫、靠背整体式设计。

2）腿部支撑随形结构设计。

3）腿部支撑"U 型"弹性结构设计，给予腿部适度弹性变形空间和力反馈。

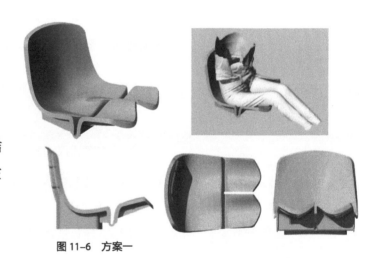

图 11-6　方案一

【方案二】（见图 11-7）

1）坐垫、靠背一体式人机工程设计。

2）腿部支撑伸展至腘窝处，辅助发力支撑。

3）底座安装参照皮划艇座椅底盘结构做标准化接口设计。

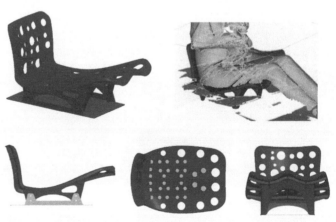

图 11-7　方案二

【方案三】（见图 11-8）

1）坐垫、腿部支撑分体式设计。

2）腿部支撑随形设计，具有良好的包裹性。

3）腿部支撑高度可调，增强运动员的调节、适应能力。

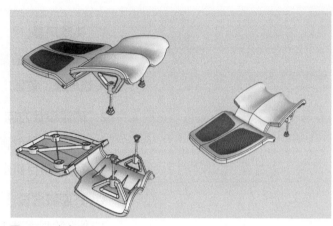

图 11-8　方案三

4. 方案评议

会同运动员、教练员、项目组专家、企业人员举行研讨会，对前期概念方案进行讨论、综合评议，选定第一阶段的设计方案。

11.2.6　方案细化

1. 方案细化

针对方案评议中提出的一体化设计、支撑舒适度、高度调节等意见对选定方案做进一步的详细设计（见图 11-9）。

图 11-9　方案详细设计

2. 结构设计

结构设计包括该运动辅具的组装结构和皮划艇座舱的安装结构（见图 11-10）。

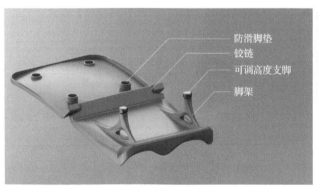

防滑脚垫
铰链
可调高度支脚
脚架

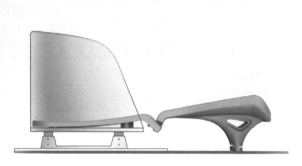

图 11-10　安装示意图

图 11-11　光固化 3D 打印模型

11.2.7　样品制作

1. 3D 打印

在工程软件环境中完成辅具的外观设计和结构设计，获得运动辅具用于 3D 打印的数据模型，使用光固化 3D 打印设备加工制作实物样品（见图 11-11）。

2. 后处理、装配

打印完成后，经过模型后处理、打磨修整、装配等工序，最终得到运动辅具的产品实物形态（见图 11-12）。

11.2.8　测试评价

将运动辅具实物样品安装到皮划艇的座舱内，由运动员对使用效果进行验证，并反馈运动体验。根据样品的实际安装匹配情况和运动员的反馈信息，对设计方案做进一步的调整，直至得到最优设计方案（见图 11-13）。

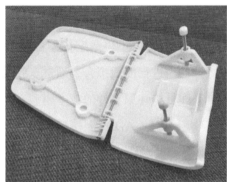

图 11-12　3D 打印模型后处理及装配

图 11-13　运动员测试

11.3 知识拓展

1. 逆向工程

微课8 三维扫描仪
视频演示

课件17 手持式三
维扫描仪

逆向工程（Reverse Engineering，RE）是集测量技术、数据处理技术、图形处理技术和加工技术于一体的工程技术，通过数据采集设备获取实物样件的外形数据，输入数据处理软件或带有数据处理能力的三维 CAD 工程软件进行处理并进行三维重构，在计算机上复现实物样件的数字化建模，在此基础上进行原样复制、修改或重新设计。逆向工程适用于难以精确表达曲面形状的构件的三维数字重构和再设计（见图 11-14）。

逆向工程的实施一般分为 4 个阶段：

1）原型件的三维数据测量：通常采用三坐标测量仪（CMM）或 3D 扫描仪等测量设备获取原型件外形表面点的三维坐标。

2）测量数据处理，提取原型件的几何特征：按测量数据的几何属性对其进行分割，采用几何特征匹配与识别的方法获取原型件的设计与加工特征。

3）原型件数字模型构建：将处理后的三维数据在逆向工程软件内进行曲面拟合，通过点线面的求交、拼接、匹配连接成光滑曲面，构建原型件的数字模型。

4）CAD 数字模型的检测与修正：根据原型件原始 CAD 数字

图 11-14 逆向工程

模型或对加工出实物样件的测量，检测重建的 CAD 模型是否满足精度或其他实验性能指标的要求，直至达到零件逆向工程的设计要求。

逆向工程的测量方法可分为接触式和非接触式。

（1）接触式测量方法

1）三坐标测量仪。该设备是一种大型精密三坐标测量仪器，可以对具有复杂形状的原型件的空间尺寸进行逆向工程测量。三坐标测量仪一般采用触发式接触测量头，一次采样获取一个点的三维坐标。三坐标测量仪的主要优点是测量精度高，适应性强，但一般接触式测头测量效率低，而且对一些软质表面无法进行逆向工程测量（见图 11-15）。

2）层析法。将实物样件填充后，采用逐层铣削和逐层光扫描相结合的方法获取原型件不同位置截面的内外轮廓数据，并将其叠加起来获得原型件三维数据。层析法的优点在于可对任意形状、任意结构原型件的内外轮廓进行测量，但测量方法是破坏性的。

（2）非接触式测量方法　非接触式测量方法根据测量原理的不同大致可分为光学测量、超声波测量、电磁测量等方式。在逆向工程中常用的光学测量方法主要有以下几类：

1）基于光学三角几何测量原理的逆向工程扫描法。这种测量方法根据光学三角几何测量原理，以激光为光源，其结构模式可以分为光点、单线条、多光条等，将其投射到被测物体表面，并采用光电敏感元件在另一位置接收激光的反射能量，根据光点或光条在物体上成像的偏移，通过被测物体基于平面、像点、像距等之间的关系计算物体的深度信息。

2）基于相位偏移测量原理的莫尔条纹法。这种测量方法将光栅条纹投射到被测物体表面，光栅条纹受物体表面形状的调制，其条纹间的相位关系会发生变化，利用数字图像处理的方法解析出光栅条纹图像的相位变化量来获取被测物体表面的三维信息，图 11-16 为采用手持式 3D 扫描仪进行测量。

3）基于工业 CT 断层扫描图像的逆向工程法。这种测量方法对被测物体进行断层截面扫描，以 X 射线的衰减系数作为依据，经处理重建断层截面图像，根据不同位置的断层图像可建立物体的

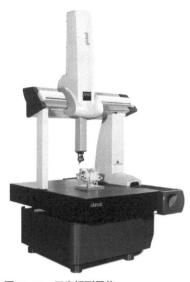

图 11-15　三坐标测量仪

图 11-16　采用手持式 3D 扫描仪进行测量

三维信息，基于工业 CT 的逆向工程如图 11-17 所示。该方法可以对被测物体内部的结构和形状进行无损测量。

4）立体视觉测量方法。立体视觉测量是根据同一个三维空间点在不同空间位置的两个（多个）摄像机拍摄的图像的视差，以及摄像机之间位置的空间几何关系来获取该点的三维坐标值，Anthroscan Bodyscan 3D 扫描仪如图 11-18 所示。立体视觉测量方法可以对处于两个（多个）摄像机共同视野内的目标特征点进行测量，而无须伺服机构等扫描装置。

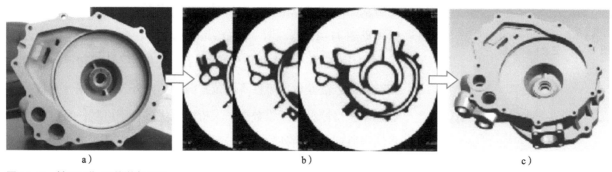

a）　　　　　　　　　　b）　　　　　　　　　　c）

图 11-17　基于工业 CT 的逆向工程
a）原型件　b）CT 断层截面　c）数字化模型

图 11-18　Anthroscan
Bodyscan 3D 扫描仪

2. 基于逆向工程的产品设计

逆向工程作为高效的设计方式已在产品设计过程中被广泛应用。逆向工程通过 3D 扫描仪扫描产品获取三维数据，通过逆向设计软件和工业设计建模软件对采集的三维数字模型进行改型设计，实现从实物到三维数据的建模过程。逆向工程提高了对产品的改型或仿型设计、原产品的数据还原、数字化模型的检测等方面工作的效率。正向设计与逆向工程的区别如图 11-19 所示。

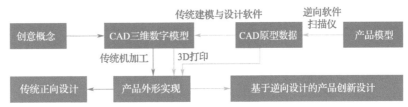

图 11-19　正向设计与逆向工程的区别

逆向工程与正向设计均广泛应用于外观设计的流程之中，逆向工程的优势主要体现在两方面：

在对产品改型或仿型设计中，利用 3D 扫描及相应软件，迅速获得产品三维数字模型，设计师可以在此基础上高效地对数字模型进行优化，实现新产品设计或已有零件的复制。此外，通过 3D 扫描和逆向检测软件还可以实现所设计产品的检测检验，保证产品质量。

提取创意元素，实现创新设计，如图 11-20 所示。产品设计素有重视人文艺术的创意设计，通过 3D 彩色扫描仪能实现对现有创意作品、自然景观、古文化艺术品中的创意元素的提取，实现工业设计产品艺术价值的再升华，3D 扫描提取创意元素如图 11-21 所示。

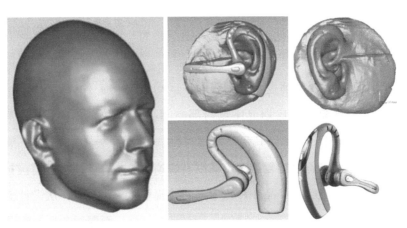

图 11-20　逆向创新设计

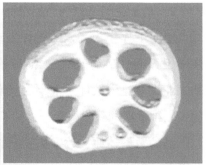

图 11–21　3D 扫描提取创意元素

11.4　项目小结与综合训练

11.4.1　项目小结

本项目将 3D 扫描、3D 打印技术等数字化技术引入产品创新设计过程中，完成了基于逆向工程的个性化运动辅具的设计与制作。3D 扫描技术对产品设计的意义在于通过对实物外形和结构进行扫描，获得实物形体的三维信息，并进一步转化为设计软件可操作处理的 3D 数字模型，为实物的数字化提供了方便快捷的手段。

本项目通过 3D 扫描技术分别获取了运动员身体的 3D 数字模型和皮划艇座舱内部空间 3D 数字模型。3D 打印技术以其生产高度柔性、制造过程几乎不受产品结构复杂度影响以及快速数字制造的工艺特点，为产品个性化定制问题提供了可行的解决方案。

本项目借助工业级 SLA 3D 打印工艺快速完成了模型的试制、测试工作，大大缩短了设计周期。

11.4.2　综合训练

（1）边学边练

请基于本项目个性化定制体育用品的设计方法，发散出更多 3D 数字技术与体育运动相结合的设计情境。

（2）研究报告

针对该项目的技术实现路径，探讨以 3D 扫描、3D 打印技术为代表的 3D 数字技术对产品创新设计各个阶段设计工作的开展产生何种影响。

（3）思维拓展

针对目前虚拟现实、元宇宙等新兴 3D 数字化技术，从设计流程、设计内容、设计方法等方面探讨产品创新设计的发展趋势。

第12章 ▶▶▶

企业软件界面
交互设计实例

12.1 项目概况

12.1.1 项目内容

本项目是企业真实项目，对企业软件界面进行优化改良，包含"1+X"界面设计职业技能等级标准中级考核的内容：能够对需求进行挖掘分析，独立完成各种类型的界面设计（包括但不限于APP界面设计、小程序界面设计、H5界面设计及后台界面设计等）。优化视觉，对接技术产品推动产品上线。掌握动效设计，并了解网页设计基础，掌握Web界面设计能力。

AI（人工智能）开放平台是部署在云端的AI训练平台，支持人工智能算法相关模型训练、发布和导出，实现算法模型的快速交付。企业现有版本的AI开放平台经过用户试用体验，发现存在许多设计不合理、不人性化的问题，导致操作流程频繁中断，用户不知道下一步该怎么做。为了提高产品的可用性、优化用户体验，需对界面进行优化改良。

12.1.2 设计价值与目的

本项目设计价值与目的如下：

1）掌握以用户画像为工具来明确目标用户的特征与行为习惯的用户研究方法。

2）掌握以用户体验地图为工具来分析挖掘体验问题的用户研究方法。

3）掌握以用户为中心，使设计方案符合用户习惯的可用性设计原则。

4）掌握软件改版设计三步流程：设计机会探索、设计策略建立、设计方案呈现，如图 12-1 所示。

5）提倡以人为本的设计理念。

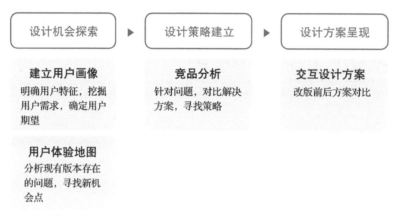

图 12-1　软件改版设计三步流程

12.1.3　设计重点与难点

重点：明确目标用户定位，保证设计方案符合目标用户行为习惯；挖掘用户需求与痛点，完善交互细节，重组交互流程，提高产品可用性。

难点：对人工智能算法模型的训练、发布和导出功能进行深入分析，明确技术原理，完成界面设计方案的优化。

12.1.4　社会背景

人工智能是以计算机科学为基础，多学科交叉融合的新兴学科，该学科的研究领域包括机器学习、语言识别、图像识别等。此次项目涉及的研究领域为图像识别，图像识别可应用于工业生产质检、视频图像监控、零售商品识别、医疗镜检识别等场景。图像识别在瑕疵检测、零售商品识别的应用如图 12-2 和图 12-3 所示。

图 12-2　图像识别应用：瑕疵检测

图 12-3　图像识别应用：零售商品识别

12.2　设计展开

12.2.1　建立用户画像

用户画像（Persona）又称"人物模型"。用户画像是从众多自然人用户中抽象出一个具有行为共性的"虚拟人类"，来源于众多真实用户的行为和动机。用户画像作为设计工具能够帮助确定用户的行为和产品功能。

本项目通过对 3 位目标用户进行用户访谈，输出目标用户画像，用户的访谈提纲（部分）和访谈记录（部分）如图 12-4 和图 12-5 所示。

根据用户访谈记录的整理，输出相应的用户画像如图 12-6 所示。因 AI 开放平台后续将推广给普通企业用户使用，项目中的用户基本上缺少丰富的模型训练相关知识和经验，因此产品的主要用户是新手型用户，其次是专家型用户，产品用户分类如图 12-7 所示。

访谈提纲

		访谈时间	
您好，我是用户研究员，非常感谢您接受我们的访谈邀请。访谈主要想了解您日常工作中有关"图像识别定制模型"的使用，您是如何完成这项工作的？使用软件操作过程中的感受是什么？访谈预计半小时，将对您的个人信息进行保密，请畅所欲言，有何问题也可以提问。			
问题内容			
您的工作岗位是什么呢？			
您的工作内容主要由几部分构成？			
在您的工作中，哪些部分需要用到"定制化图像识别模型"？具体描述下这个场景。			
您平时使用软件哪些功能比较多？			

图 12-4　访谈提纲（部分）

访谈记录

何建国	访谈时间	2021 年 1 月
您好，我是用户研究员，非常感谢您接受我们的访谈邀请。访谈主要想了解您日常工作中有关"图像识别定制模型"的使用，您是如何完成这项工作的，使用软件操作过程中的感受是什么？访谈预计半小时，将对您的个人信息进行保密，请畅所欲言，有何问题也可以提问。		
问题内容		
您的工作岗位是什么呢？		
答：技术支持与服务部的产品技术支持人员。		
您的工作内容主要由哪几部分构成？		
答：跟进公司重要项目，提供技术支持，负责大客户项目等工作。		

图 12-5　访谈记录（部分）

专家型用户

基本信息

韩磊 男 31岁
职位：技术支持工程师
学历：计算机硕士

行为习惯

负责公司算法类项目，目前参与6个项目，每天都会使用软件；
接到相关需求后，先评估新需求能否通过算法实现，如果可以就会告知相关通知采集图片及数量；
由于手头项目较多，图片标注工作由标注团队完成；
完成图片采集、标注后，打开AI开放平台进行模型创建、训练、校验和导出。

需求分析

需要及时掌握模型训练、校验进度；
注重软件操作的效率和运行的稳定性。

新手型用户

基本信息

刘旭 男 27岁
职位：汽车公司技术开发
学历：计算机硕士

行为习惯

因公司业务需要，三个月前开始接触定制化图像识别领域，负责这方面的工作；
通过和AI开放平台的工作人员进行沟通，结合技术文档，来学习如何生成一个算法模型；
使用中遇到问题不知道怎么解决，需要寻求帮助；
图片标注工作量较大；
担心自己训练的模型在项目中运用效果不好。

需求分析

对软件操作流程不够熟悉，需要完善的新手引导；
模型训练经验少，需要常见问题的解决方案引导。

图 12-6 用户画像

专家型用户	新手型用户（主要）
对图像识别领域非常熟悉，熟练掌握工具的运用	刚刚接触该领域，对软件操作流程不熟悉
注重操作效率	**注重软件引导**

图 12-7 产品用户分类

12.2.2 构建用户体验地图

用户体验地图（Experience Maps）以用户的视角全局审视产品，梳理记录用户在产品使用过程中的体验感受，通过呈现用户数据及使用过程中的情绪，发现用户痛点，分析当前产品存在的问题，洞察产品机会点，为产品决策赋能。

在本项目中，由产品经理和交互设计师组织开展头脑风暴，3名用户根据使用体验反馈产品问题，最终以视觉化的方式呈现用户体验地图（部分），如图 12-8 所示。

12.2.3 竞品分析

本项目通过分析市面上的 AI 开放平台，寻找可借鉴的设计方案，从软件的各个功能模块入手分析其功能体验，呈现竞品优劣势，得出相应结论。竞品的产品定位对比如图 12-9 所示，竞品的功能体验对比（部分）如图 12-10 所示。

12.2.4 设计目标

通过以上设计分析得出，此次改良设计的目标是以新手型用户为主，全面提升用户体验满意度，消灭不合理设计方案，设计目标如图 12-11 所示。设计主要从 3 方面入手：增加操作引导、解释专业术语、提高操作效率。

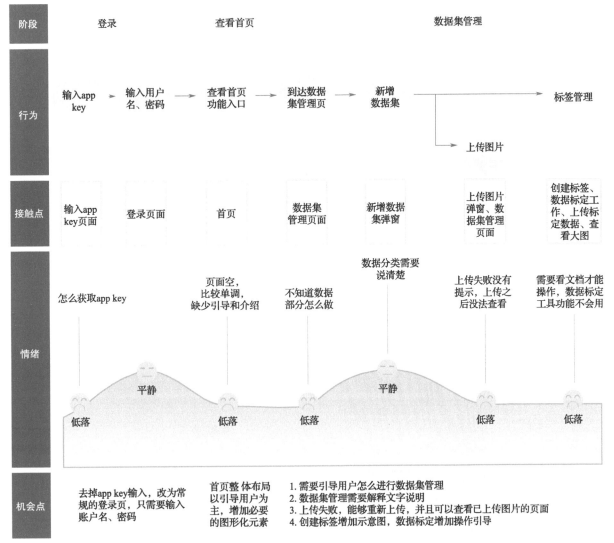

图 12-8 用户体验地图（部分）

图 12-9 下方内容：

竞品 A	定位：面向零基础客户
	形态：公有云
	算法：图像分类、物体检测、声音分类、文本分类
	部署：云端、Andriod/IOS端

竞品 B	定位：面向零基础客户、AI开发者
	形态：公有云
	算法：图像分类、物体检测、预测分析、预置神经网络、自定义代码开发
	部署：云端、服务端

图 12-9 竞品的产品定位对比

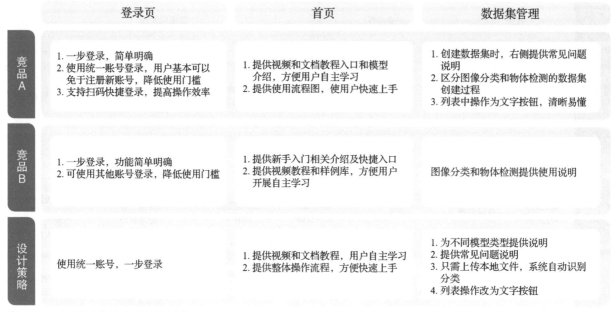

	登录页	首页	数据集管理
竞品A	1. 一步登录，简单明确 2. 使用统一账号登录，用户基本可以免于注册新账号，降低使用门槛 3. 支持扫码快捷登录，提高操作效率	1. 提供视频和文档教程入口和模型介绍，方便用户自主学习 2. 提供使用流程图，使用户快速上手	1. 创建数据集时，右侧提供常见问题说明 2. 区分图像分类和物体检测的数据集创建过程 3. 列表中操作为文字按钮，清晰易懂
竞品B	1. 一步登录，功能简单明确 2. 可使用其他账号登录，降低使用门槛	1. 提供新手入门相关介绍及快捷入口 2. 提供视频教程和样例库，方便用户开展自主学习	图像分类和物体检测提供使用说明
设计策略	使用统一账号，一步登录	1. 提供视频和文档教程，用户自主学习 2. 提供整体操作流程，方便快速上手	1. 为不同模型类型提供说明 2. 提供常见问题说明 3. 只需上传本地文件，系统自动识别分类 4. 列表操作改为文字按钮

图 12-10　竞品的功能体验对比（部分）

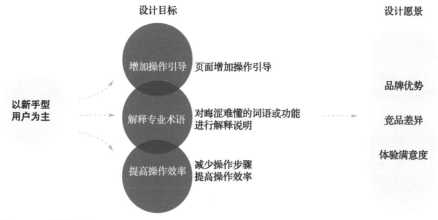

图 12-11　设计目标

12.2.5　设计方案

1. 登录页优化方案

打开原软件界面，当用户进行登录时，首先提示用户要输入 app key，如图 12-12 所示。但用户不知道怎么获取 app key，且页面中也没有任何信息告知，因此用户需要登录其他网站，获取相应账号的 app key，这就导致整体流程操作效率低下，界面设计不够人性化。

改版后去掉 app key 的输入，用户只需要输入用户名和密码即可登录。同时在界面中增加注册账号的入口，提高了整体操作效率，如图 12-13 所示。

2. 首页优化方案

原软件首页罗列了各个功能的入口，但没有告知用户整体操作流程，也没有介绍可训练的模型类型，导致新手型用户不会操作，如图 12-14 所示。同时界面中缺少视觉可视化元素，无法体现产品特色。

改版后软件首页如图 12-15 所示，增加了操作引导和专业术语的解释文字，强化模型介绍和功能引导。例如，首页呈现不同类型模型的图文简介，让用户快速了解相关知识；不同类型的模型，创建入口区分清楚，保证功能单一纯粹，降低学习成本；增加示意图片，丰富页面元素；相应模型说明增加图片，辅助说明的同时丰富页面元素；提供技术文档入口，方便用户自主学习相关知识。

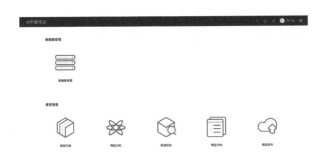

图 12-12　原软件输入 app key 界面

图 12-13　改版后软件登录界面

图 12-14　原软件首页

图 12-15　改版后软件首页

3. 数据集管理优化方案

原软件界面在新增数据集时，未告知用户不同类型数据集的区别是什么，增加了理解成本。当用户添加完数据集后，不知道下一步该做什么，未告知用户怎么进行数据集管理，如图12-16所示。

改版后，针对不同类型模型的数据集管理提供不同的操作界面，如图12-17所示。例如，图片分类模型数据集管理简化了数据集创建流程，用户直接上传压缩包就完成了数据集的管理，系统自动识别分类标签名称。在界面中提供了图片打包方法的图文说明，降低了用户的学习成本。

4. 模型管理优化方案

在原软件界面，模型导出功能是主要功能，但是功能藏在模型列表里，功能入口比较深，导致用户找不到。另外，必须要校验完模型才能导出模型，而界面中并未告知用户这一逻辑关系，导致用户不知道为什么不能导出模型，而且文档里也没有告知用户这一逻辑关系。最后，缺少单独的模型导出页面。原软件模型列表页如图12-18所示。

改版后，首先提供明确的模型导出页面。其次，当用户在未校验模型的情况下选择导出时，界面中会增加相应提示。最后，用户可以在同一个页面完成模型校验和导出，从而提高了操作效率。改版后导出模型页如图12-19所示。

图12-16　原软件数据集管理页

图12-17　改版后软件数据集管理页

图12-18　原软件模型列表页

图12-19　改版后导出模型页

12.3　知识拓展

1. AI 概念及基本原理

AI 是研究、开发用于模拟、延伸和扩展人的智能的理论、方法、技术及应用系统的一门新的技术科学。

AI 开放平台背后主要使用了深度学习的技术，深度学习是机器学习（Machine Learning，ML）领域中一个新的研究方向。通过学习样本数据的内在规律和表示层次，最终目标是让机器能够像人一样具有分析学习能力，能够识别文字、图像和声音等数据。

AI 开放平台的开放能力包括文字识别、人脸识别、人体识别、图像分析、语音识别、语音合成等，适用于多种人工智能的场景。

2. AI 模型训练

AI 模型训练基本流程如图 12-20 所示。

分析业务需求：在正式启动训练模型之前，需要分析和拆解业务需求，明确选用的模型类型。例如，小区物业管理场景中，需要识别电动车进电梯并自动预警，可以通过物体检测模型进行判断。

采集 / 收集数据：分析完采用的模型类型，接下来需要进行数据收集工作，数据一般是与真实场景相关的图片数据。

标注数据：即对采集的图片进行标注，例如，上述识别电动车进电梯的物体检测模型，需要在大量图片中标注出物体"电动车"的位置。

训练模型：选择标注好的数据，选择算法进行模型训练。

评估模型效果：训练好的模型在正式使用之前，评估模型是否可用，是否达到了预期效果。

部署模型：确认模型可用之后，可将模型部署至生产环境中，可以部署至云端、小型设备或本地服务器。

图 12-20　AI 模型训练基本流程

图 12-21　海洋馆动物识别

图 12-22　智能垃圾箱

图 12-23　收费站车辆类型识别

图 12-24　小区电动车进电梯自动预警

3．图像分类模型

该模型用于识别一张图是否是某类物体 / 状态 / 场景，图片中的物体或状态相对单一。例如，图像分类模型可用于海洋馆动物识别，如图 12-21 所示，通过训练相应的定制化 AI 模型，实现对于"海洋馆海洋生物品类"的智能识别，可用于场馆内的互动体验、知识科普等领域。

图像分类模型也可用于智能垃圾箱，通过训练相应定制化模型，对垃圾箱内投递的垃圾进行自动识别，及时发现分类错误情况，提高垃圾分类效率，如图 12-22 所示。

除此之外，图像分类模型可用于收费站车辆类型识别，如图 12-23 所示，以实现停车费用、过路费用的自动计算，在收费口中由监控相机对每个车辆进行拍摄，拍摄到的图片传输到预测设备上进行类型识别，基于识别出来的车辆类型自动进行费用计算。

4．物体检测模型

物体检测模型用于识别图中每个物体的位置、名称，适用于有多个主体的场景或要识别位置和数量的场景。例如，物体检测模型可用于识别厂区工人抽烟行为，通过训练相应的定制化 AI 模型，实现厂区抽烟行为的智能识别，广泛应用于厂区安全巡检场景。物体检测模型也可用于小区电动车进电梯自动预警，如图 12-24 所示，通过训练相应的定制化模型，实现电瓶车进电梯后实时报警，及时发现安全隐患，提升安保效率。

5．用户画像

用户画像并非真正的用户，它来源于用户研究中众多真实用户的行为和动机，它建立在调查所发现的用户行为模式的基础上。通过用户模型，交互设计师及开发人员能够理解相应使用场景下的用户目标，为构思产品设计概念提供重要的依据。

用户画像作为设计工具的优势有：

1）确定产品的功能及行为，即用户画像的目标和任务奠定了整个设计的基础；

2）同开发人员、产品经理和其他设计师交流，确保设计流程的每一步以用户为中心；

3）就设计意见达成共识；

4）使用用户画像对设计方案进行简单测试。

构建用户画像可分为 4 步，如图 12-25 所示：第 1 步，定性分析，找出行为变量；第 2 步，定量分析，通过问卷调查收集数据，找出重要的行为模式；第 3 步，定量分析，综合各种特征，进一步描述特征和行为；第 4 步，定性数据补充。

注意：应避免在人口统计用户信息上添加一些简单的叙述语句，就当作用户画像用，用户画像是可溯源的，来源于从用户访谈和问卷调查中所获得的真实数据。

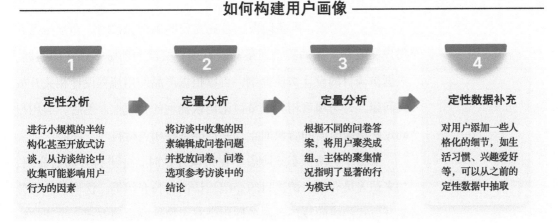

如何构建用户画像

1 定性分析	2 定量分析	3 定量分析	4 定性数据补充
进行小规模的半结构化甚至开放式访谈，从访谈结论中收集可能影响用户行为的因素	将访谈中收集的因素编辑成问卷问题并投放问卷，问卷选项参考访谈中的结论	根据不同的问卷答案，将用户聚类成组。主体的聚集情况指明了显著的行为模式	对用户添加一些人格化的细节，如生活习惯、兴趣爱好等，可以从之前的定性数据中抽取

图 12-25 构建用户画像的步骤

6. 用户访谈

不管是重新设计或改良现有产品的用户体验，与现有用户或潜在用户交流非常重要。对现有用户或潜在用户进行访谈，可以发现产品当前版本存在的问题。

通过用户访谈了解以下信息：

用户在什么时候、因为什么原因使用产品？即用户使用产品的动机。

用户如何使用产品？了解现有的使用流程。

使用产品前需要提前了解什么信息？即用户角度的专业知识。

用户对当前产品的看法，以及对产品的期望。

用户访谈的流程可分为 3 个阶段，如图 12-26 所示：准备阶段、实施阶段、收尾阶段。

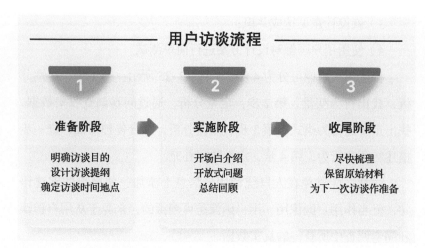

图 12-26 用户访谈流程

第 1 个阶段：准备阶段。首先需要明确访谈目的，即是与潜在用户交流新产品的需求还是与现有用户交流当前版本存在的问题。根据访谈目的设计访谈提纲，可以根据产品使用流程设计相关开放式问题，并与项目相关成员讨论访谈提纲的合理性。然后，与用户确定好访谈时间和访谈地点，并且准备好相关材料。

第 2 个阶段：实施阶段。在访谈开始时，先进行开场白介绍，如来访人员介绍、访谈目的介绍、访谈时长介绍等。访谈时注意使用开放式的提问技巧，避免使用带有引导性的提问方式。访谈结束后，需要做个简单的总结回顾，并且对关键的问题进行复述确认。最后，如果条件允许，可以给被访者提供小礼品以表感谢。

第 3 个阶段：收尾阶段。在访谈结束后，需要尽快对访谈材料进行梳理，保留原始的文字、录音及影像资料，以供回溯。对于一些访谈提纲中未提及但受访者反馈的问题，可以在下一次访谈中进行验证。

7．用户体验地图

用户体验地图用于映射用户使用产品的过程和体验感，它描绘了用户在产品使用的各个场景中的痛点和需求，使用用户体验地图能够帮忙确定功能开发的优先级。

用户体验地图输出流程如图 12-27 所示，具体如下：

第 1 步，行为分解。把用户使用产品的行为概括为几个阶段，再将每个阶段中的行为进行分解，并按照时间轴的形式将行为排列

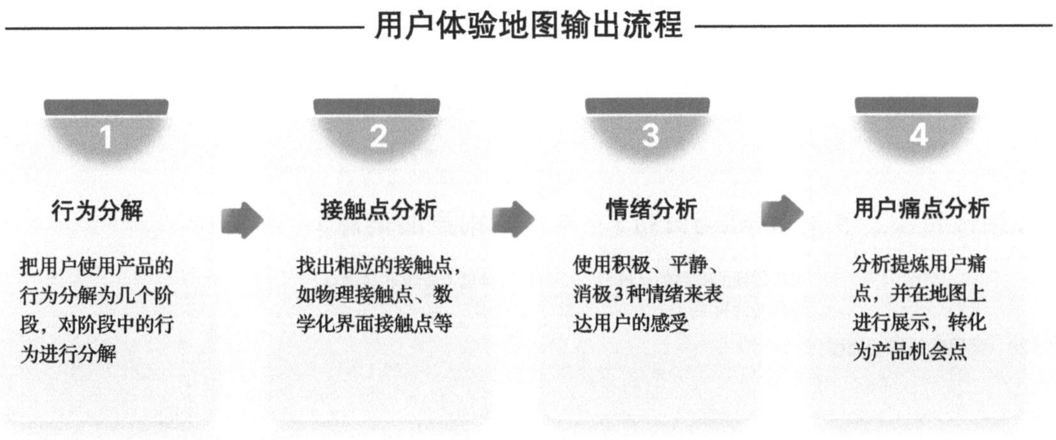

---------------------------- 用户体验地图输出流程 ----------------------------

1		**2**		**3**		**4**
行为分解	→	**接触点分析**	→	**情绪分析**	→	**用户痛点分析**
把用户使用产品的行为分解为几个阶段，对阶段中的行为进行分解		找出相应的接触点，如物理接触点、数学化界面接触点等		使用积极、平静、消极3种情绪来表达用户的感受		分析提炼用户痛点，并在地图上进行展示，转化为产品机会点

图 12-27　用户体验地图输出流程

起来。

第 2 步，接触点分析。找出相应的接触点，用户每个行为的接触点并不一定是具体的数字化界面，有时候可能是用户与环境或实物的接触。

第 3 步，情绪分析。通过用户研究中得到的数据来分析每个接触点的用户情绪，一般情况下使用积极、平静、消极 3 种情绪来表达用户的感受，这一步做完就可以了解用户的痛点在哪里了。

第 4 步，用户痛点分析。分析提炼用户痛点并在地图上进行展示，由此转化为产品用户体验提升的机会点。至此，整张用户体验地图绘制完成。

8. 竞品分析

竞品分析就是对竞争对手的产品进行比较分析，得到相应的产品策略。不同角色进行竞品分析的方向是不同的，例如，交互设计师侧重于产品功能体验和交互流程的分析，而产品经理侧重于分析产品定位、市场战略等。

竞品分析有以下 6 个核心流程，如图 12-28 所示：

明确目标：根据产品生命周期不同，竞品分析的目标和侧重点不同。所以首先要了解当前产品所处的阶段，需要进行分析的目的是什么。

选择竞品：竞品的选择不是数量越多越好，而是要选择合适的，做深度分析，分析出有价值的信息。竞品分直接竞品、间接竞

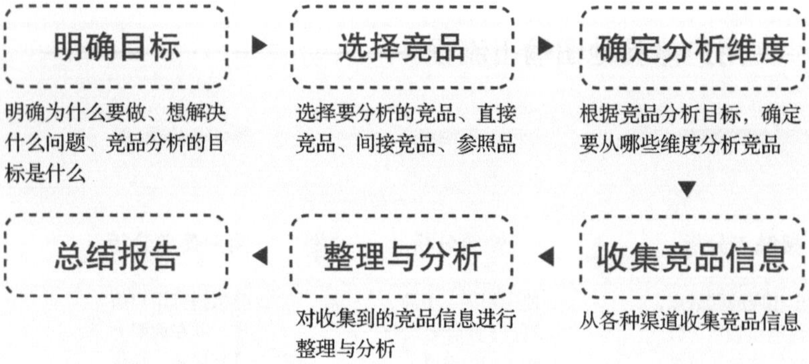

图 12-28　竞品分析核心流程

品、替代品、参考品。直接竞品是产品形势和目标用户完全相同的产品；间接竞品和替代品是产品形势不同但目标用户类似的产品；参考品是有参考价值的产品。

确定分析维度：竞品分析的分析维度有产品定位、用户画像、产品功能、交互体验、视觉风格、盈利模式等。

收集竞品信息：分析竞品的交互体验时，建议重点分析核心功能的交互体验。通过分析，看看竞品在交互设计上有没有值得借鉴的地方。

整理与分析：分析交互体验时可以使用描述比较法，使用"界面截屏 + 文字描述"的形式。

总结报告：最后总结时，得出自身产品定位，可以和其他产品解决相同需求，但要保证差异化（即产品的特色亮点），并提炼相应的设计策略，从核心功能交互体验得出的结论，竞品的优势可以借鉴，竞品的劣势需要改进。

9. 交互设计工作流程

交互设计是设计或优化产品与用户交互过程的设计，即设计产品里所有的交互流程、操作流程、反馈方式、界面布局。好的交互设计，会采用用户容易理解的布局和流程，让用户使用起来顺畅、没有疑惑之处，操作简单方便。

交互设计阶段的工作包括任务分析、导航设计、页面流程图设计、用户操作流程图设计、页面布局设计、初稿评审、详细交互设计、终稿评审，如图 12-29 所示。

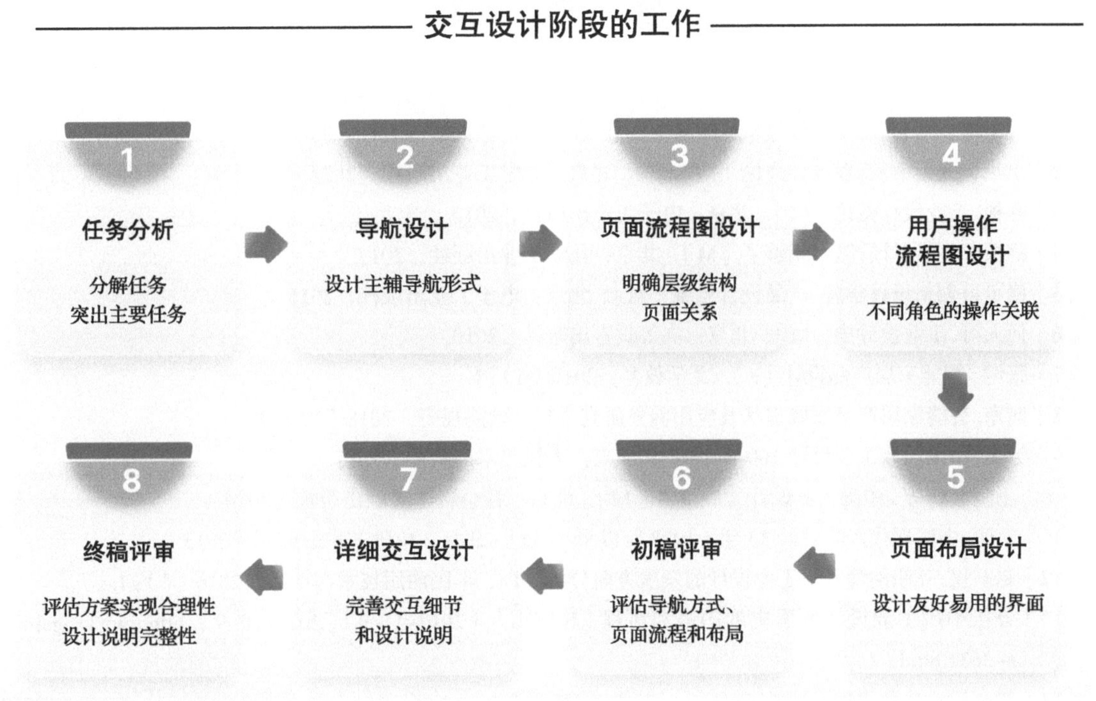

交互设计阶段的工作

图 12-29　交互设计阶段的工作

12.4　项目小结与综合训练

12.4.1　项目小结

本项目是企业真实项目，目的是对企业软件界面进行优化，提高产品的整体可用性、优化用户体验。通过用户访谈建立用户画像，明确了用户特征，挖掘了用户需求，确定了用户期望。通过绘制用户体验地图，分析现有版本存在的问题，寻找新机会点。通过竞品分析，对比不同解决方案的优劣势，确定设计策略。通过设计方案的不断迭代优化，最终完成了设计改版工作。

12.4.2　综合训练

1. 用户体验地图

基于本项目用户体验地图的绘制方法，选取一款软件并进行使用操作体验，记录使用过程中的情绪和软件存在的问题，完成该软件的用户体验地图。

2. 竞品分析

针对市面上不同的 AI 开放平台，分析各平台在产品定位上的区别，以及软件界面用户体验方面的优劣势。

3. 思维拓展

基于本项目中原软件界面存在的问题，思考是否有其他更合理的设计方案？

参 考 文 献

［1］兰玉琪，邓碧波.工业设计概论［M］.2 版.北京：清华大学出版社，2018.

［2］李艳，张蓓蓓.工业设计概论［M］.2 版.北京：化学工业出版社，2022.

［3］陈根.工业设计概论［M］.北京：电子工业出版社，2017.

［4］陈根.工业设计看这本就够了［M］.北京：化学工业出版社，2017.

［5］洛可可创新设计学院.产品设计思维［M］.北京：电子工业出版社，2016.

［6］何人可.工业设计史［M］.北京：高等教育出版社，2010.

［7］张健.智能家居产品设计［J］.文学教育，2016（5）：1.

［8］谢寒.智能家居产品发展现状及应用前景研究［J］.丝路视野，2018（12）：1.

［9］毛溪.中国民族工业设计100 年［M］.北京：人民美术出版社，2015.

［10］王晓红，等.中国工业设计发展报告［M］.北京：社会科学文献出版社，2014.

［11］李萌.中国现代产品设计35 年（1978 年以来）［D］.北京：中国艺术研究院，2015.

［12］赵君仪.互联网背景下工业设计的发展方向分析［J］.军民两用技术与产品，2016（4）：1.

［13］分析中国工业设计发展史的趋势和历程［EB/OL］.（2017-11-9）［2023-10-9］.http://www.ugainian.com/news/n-3631.html.

［14］柴文静：从美化到设计［EB/OL］.（2009-5-27）［2023-10-9］.http://finance.sina.com.cn/roll/20090527/18346280755.shtml.

［15］品物流形：2011 年米兰家具展作品［EB/OL］.（2011-4-11）［2023-10-9］.http://www.333cn.com/shejizixun/201115/43497_106138.html.

［16］什么才是"中国式造物"？［EB/OL］.（2017-9-17）［2023-10-9］.https://www.sohu.com/a/192619939_586046.

［17］江湘云.设计材料及加工工艺［M］.北京：北京理工大学出版社，2010.

［18］佐藤大.佐藤大的设计减法［M］.盛洋，译.武汉：华中科技大学出版社，2019.

［19］崔佳颖.纸材质在工业设计中的应用研究［J］.文艺生活，2012（2）：1.

［20］胡海权.工业设计应用人机工程学［M］.沈阳：辽宁科学技术出版社，2013.

［21］DONALD A N.情感化设计［M］.付秋芳，等译.北京：中信出版集团，2015.

［22］吴兵，等.逆向工程和3D 打印技术在工业设计中的应用［J］.河南科技，2018（22）：3.

［23］黄莹，等.虚拟现实技术在工业设计中的应用［J］.中小企业管理与科技，2019（12）：2.

［24］冉蓓，张广潮.工业设计中快速成型技术的应用［J］.设计，2015（14）：4.

［25］钟元.面向制造和装配的产品设计指南［M］.北京：机械工业出版社，2016.

［26］姜炎，汪睿，张庆.工业设计方案方法评价探讨［J］.设计，2015（15）：2.

［27］库帕.交互设计之路［M］.Ding，译.北京：电子工业出版社，2006.

［28］库帕.交互设计精髓［M］.倪卫国，等译.北京：电子工业出版社，2015.

［29］辛向阳.交互设计：从物理逻辑到行为逻辑［J］.装饰，2015（1）：5.

［30］黄贤强.交互设计在工业设计中的应用研究［D］.济南：齐鲁工业大学，2014.

［31］朱建春.非物质社会背景下的设计新潮——基于非物质设计的研究［D］.无锡：江南大学，2008.

［32］李四达.交互设计概论［M］.北京：清华大学出版社，2009.

［33］杰西.用户体验要素［M］.范晓燕，译.北京：机械工业出版社，2019.

［34］刘津.破茧成蝶—用户体验设计师的成长之路［M］.北京：人民邮电出版社，2014.